天津历史风貌
建筑修缮工艺

天津市历史风貌建筑保护中心　编

中国建筑工业出版社

图书在版编目（CIP）数据

天津历史风貌建筑修缮工艺/天津市历史风貌建筑
保护中心编. —北京：中国建筑工业出版社，2021.12
ISBN 978-7-112-26426-1

Ⅰ.①天… Ⅱ.①天… Ⅲ.①古建筑－保护－天津
Ⅳ.①TU-87

中国版本图书馆CIP数据核字（2021）第162092号

策　　划：王　跃　魏　枫　国旭文
责任编辑：王　鹏　齐庆梅
文字编辑：柏铭泽
数字编辑：曹　爽
版式设计：锋尚设计
责任校对：李美娜

天津历史风貌建筑修缮工艺
天津市历史风貌建筑保护中心　编
*
中国建筑工业出版社出版、发行（北京海淀三里河路9号）
各地新华书店、建筑书店经销
北京锋尚制版有限公司制版
北京盛通印刷股份有限公司印刷
*
开本：787毫米×1092毫米　1/16　印张：7¼　字数：184千字
2021年9月第一版　2021年9月第一次印刷
定价：1580.00元（含U盘）
ISBN 978-7-112-26426-1
　（35488）

主编单位：天津市历史风貌建筑保护中心

编审委员会

主　　任：蔡云鹏
副 主 任：唐连蒙
编　　委：王志青　孙　超　舒德庆　张俊东　郭继军
顾　　问：路　红　徐连和

编写组

主　　编：王志青
编写成员：谈卫卫　陈广发　袁　勇　傅建华　孔　晖　曹　宇　王　飞
现场指导：张瑞良
摄　　影：何　方　何　易
摄　　像：孙　巍

前言

天津市作为国家级历史文化名城，拥有一大批风格多样、历史悠久的历史风貌建筑，既有中国传统的四合院、寺庙，又有西洋古典建筑、近现代建筑，它们形成了独特的建筑文化和城市景观。这些历史风貌建筑是天津宝贵的历史文化遗产和城市资源，保护好它们对于凸显天津城市风貌、传承城市历史文脉具有重要意义。

天津历史风貌建筑均已建成50年以上，部分超过百年，在经历了时间洗礼、抵御了各类自然灾害的侵蚀后，大多出现了不同程度的损坏。为使历史风貌建筑能够长久地保存下来，必须对建筑进行必要的修缮保护。保护历史风貌建筑必须遵循"保护优先、合理利用、修旧如故、安全适用"的原则，因此采用传统的施工工艺和材料适时对历史风貌建筑进行维修保养，是目前以及今后的一项重要工作。但是，随着社会的发展和技术的进步，历史风貌建筑在建造时采用的传统技术、工艺已逐渐被新技术、新工艺所取代，甚至濒于失传。为此，挖掘、整理和推广历史风貌建筑传统建造、修缮技术已成为目前需要解决的一个问题。

本书搜集整理了一批典型的历史风貌建筑修缮工艺技术，如砖券砌筑工艺、屋面施工工艺、外檐饰面工艺、地面铺设工艺、灰线抹灰与花饰工艺等，采用了实际操作加动画合成的方式再现了21个典型示例，通过文字与视频结合的方式进行系统展示。

本书整理的历史风貌建筑的典型工艺技术，将为历史风貌建筑的保护修缮提供重要的技术支撑。本书中所用照片、数字资源均由编写团队摄影、摄像。

第**4**章 外檐饰面工艺
48

第**5**章 楼地面铺设工艺
64

第 **6** 章 灰线与花饰
制作安装工艺
74

第**1**章

天津历史风貌
建筑概述

1.1 基本情况

历史风貌建筑是天津市保护特定建筑遗产的法定名词，按照《天津市历史风貌建筑保护条例》的定义，历史风貌建筑是：建成50年以上，在建筑样式、结构、施工工艺和工程技术等方面具有建筑艺术特色和科学价值；反映本市历史文化和民俗传统特点，具有时代特色和地域特色；具有异国建筑风格特点；著名建筑师的代表作品；在历史发展过程中具有特殊纪念意义；在产业发展史上具有代表性的作坊、商铺、厂房和仓库；名人故居及其他具有特殊历史意义的建筑。

2005年9月1日，《天津市历史风貌建筑保护条例》出台，按照条例的规定，经天津市历史风貌建筑保护专家咨询委员会审查，天津市政府于2005—2013年分6批确认了历史风貌建筑877幢，126万平方米。其中，特殊保护级别69幢，重点保护级别205幢，一般保护级别603幢，分布在全市15个区县。在877幢历史风貌建筑中，有各级文物保护单位195处。

1986年天津市被确定为国家级历史文化名城，2006年3月国务院批准的天津市城市总体规划的历史文化名城规划中，确定了14片历史文化风貌保护区，大部分历史风貌建筑就坐落在这些历史文化风貌保护区内（图1-1）。

天津现存的历史风貌建筑既有中国传统风格的四合院、殿堂、寺院，又有西洋古典、现代建筑，它们和历史文化风貌保护区一起，形成了独特的建筑文化和城市景观，也是天津作为国家级历史文化名城的重要载体（图1-2）。

1.2 历史背景

天津的历史风貌建筑和历史风貌保护区是天津社会和城市发展的见证。天津地区

01. 老城厢历史文化风貌保护区
02. 古文化街历史文化风貌保护区
03. 海河历史文化风貌保护区
04. 鞍山道历史文化风貌保护区
05. 估衣街历史文化风貌保护区
06. 一宫花园历史文化风貌保护区
07. 赤峰道历史文化风貌保护区
08. 劝业场历史文化风貌保护区
09. 中心花园历史文化风貌保护区
10. 承德道历史文化风貌保护区
11. 解放北路历史文化风貌保护区
12. 五大道历史文化风貌保护区
13. 泰安道历史文化风貌保护区
14. 解放南路历史文化风貌保护区

图1-1　14片历史文化风貌保护区

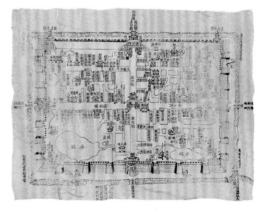

图1-2　天津老城厢图

发现最早的人类活动遗存，属距今一万年前的旧石器时代；隋唐、宋辽时期，天津地区出现了规模较大的建筑群。目前天津地区人类建筑活动的最早实物为重建于辽代统和二年（984年）的独乐寺。明永乐二年（1404年）天津设卫，明成祖朱棣为纪念自己南下夺取政权之事，赐名"天津"，即天子的渡口，由此开始了天津城市的历史（图1-3）。

图1-3　明代鼓楼

历经明、清两朝，天津以老城厢为建筑的大本营，以漕运文化为基础，经历了由卫城到州城、府城的升级，也逐渐地由单纯的军事基地演变成为商贾云集的中国北方经济文化重镇。天津老城城池为占地约1.76km²的长方形，与中国传统古城基本类似，平面是以鼓楼为中心的十字街布局，四条大道两侧配以小街、小巷，形成若干胡同街坊，老城建筑除少数公署衙门、文庙等为传统大式建筑外，民居以小式建筑为主，杂以部分南方民居形式，呈现了南北交融的中国传统建筑风格（图1-4）。

1860年第二次鸦片战争后，天津被迫开埠；1900年八国联军入侵，天津老城于1900年11月26日被八国联军拆毁，四段城墙被拆毁改成了四条马路。从1860年开始，英国、法国、美国、德国、日本、俄国、意大利、比利时、奥匈帝国等9个帝国主义国家先后在天津设立了租界（图1-5）。

九国租界的形成大致分为三个阶段。

第一阶段：英、法、美租界的开辟。1860年，英法联军发动的第二次鸦片战争迫使清政府签订了中英、中法《北京条约》，天津开埠成为通商口岸。同年12月7日，划海河西岸紫竹林、下园一带为英租界；次年6月，法、美两国亦在英租界南北分别设立租界。

第二阶段：德、日租界的开辟与英租界的扩张。首先，德国于1895年在海河西岸开辟租界。1896年日本在法租界以西开辟租界。1897年，英国强行将其原租界扩张到南京路北侧。

第三阶段：九国租界的形成。1900年八国联军入侵，俄国于1900年在海河东岸划定租

图1-4　广东会馆

图1-5　天津原租界示意图

界，比利时于1902年在俄租界之南划租界地，意大利也于同年在俄租界之北开辟租界，最后奥匈帝国在意租界以北占地为租界。与此同时，英、法、日、德四国又趁机扩充其租界地，最后形成了九国租界聚集海河两岸，总计占地23 350.5亩（约1 556.7公顷）的格局。而当时的天津老城厢占地2 940亩（约196公顷），仅为租界总占地面积的1/8。

九国租界在天津存续时间最长的为英租界——85年，最短的为奥匈帝国租界——17年。九国租界并存同一城市，在世界城市的发展史上是空前的。由此可见天津在中国近代史上背负了最沉重的耻辱，同时九国租界遗存的历史风貌建筑及其建设过程中派生的多元文化，也成为今天城市建设中不可忽视的历史文脉和宝贵的文化资源。大规模的租界建设，使得西洋建筑文化和技术涌入天津，天津的建筑从中国传统形式走向了中西荟萃、百花齐放的形式。

在中国城市发展史上，600年的城市仍是年轻的城市。天津作为国家级历史文化名城，没有北京、西安、南京等古都的显赫地位，也没有扬州、苏州、开封等古城的辉煌文化，天津城市文化的突出价值在于近代百年与西方文明的对接，鸦片战争后中国发生的重大历史事件大部分能在天津找到痕迹，因此在中国史学界，素有"五千年看西安，一千年看北京，百年历史看天津"的说法。

1.3 基本类型

天津的历史风貌建筑林林总总，跨越了一千多年，涵盖了居住、公共建筑等多个领域。为便于管理和研究，从三个方面进行分类。

1. 按建筑年代分为两类

1860年的第二次鸦片战争，天津被迫开埠，逐渐成为9个帝国主义国家的租界，天津的建筑从中国传统建筑走向了中西荟萃，突出地表现了时代的变迁和观念的转换，有很强的时代印记。因此我们以1860年为分水岭，将天津的历史风貌建筑主要分为古代历史风貌建筑（1860年以前）和近代历史风貌建筑（1860—1950年，图1-6）。

古代历史风貌建筑主要为中国传统建筑，现存50余幢，主要分布在蓟县、老城厢。如建于辽代统和二年（984年）的独乐寺、元朝泰定三年（1326年）的天后宫、明朝宣德二年（1427年）的玉皇阁。近代历史风貌建筑是天津历史风貌建筑中数量最多、最具特色的瑰宝，主要分布在天津市中心城区海河两岸。

2. 按使用功能分为十类

居住建筑是目前保存量最大也是最具特色的一类，其中又可细分为独立式住宅、单元公寓式住宅、独门联排式住宅等。其他类型为教育建筑、金融建筑、商贸建筑、办公建筑、厂房仓库、宗教建筑、娱乐体育建筑、医院建筑、交通建筑等（图1-7、图1-8）。

3. 按建筑外部特征分为五类

中国传统官式建筑：严格按照中国传

图1-6　花园独立式住宅——张园

建筑的形制建造的建筑，主要为寺庙、官衙等，如天后宫、玉皇阁、大悲院等。

　　欧洲古典复兴主义特征：建筑多是以古希腊、古罗马及文艺复兴时期的建筑范式为摹本，如开滦矿务局办公楼、原汇丰银行等。

　　折中主义特征：既有欧洲典型的集仿主义建筑，也有中西合璧的折中主义建筑，天津大多数历史风貌建筑属于此类，如鲍贵卿旧宅等（图1-9）。

　　各国民居特征：有由中国传统民居和天津地方文化结合产生的天津合院民居形式，如石家大院、徐家大院等；更多的是采用欧洲各国的典型民居形式，如西班牙、英国、德国、意大利等国的民居（图1-10、图1-11）。

　　现代主义特征：引进新结构、新材料的建筑，如利华大楼、渤海大楼等（图1-12）。

图1-7　单元公寓式住宅——民园大楼

图1-8　独门联排式住宅——安乐邨

图1-9　鲍贵卿旧宅

图1-10　达文士楼（西班牙民居风格）

图1-11　高树勋旧宅（英国民居风格）

图1-12　利华大楼

1.4 基本特点

1. 建筑年代相对集中

天津60%的历史风貌建筑是在1900—1937年间，不足40年的时间里建成的。

2. 各类建筑相对集中，呈现群区性

中国传统建筑集中在老城厢和古文化街一带；建筑规模宏大的金融建筑主要集中在解放北路一带，被称为"金融一条街"；商贸性建筑主要集中在和平路及估衣街、古文化街一带；居住建筑主要集中在老城厢、河北区一宫、河西区大营门、和平区五大道地区及中心花园附近；仓库厂房建筑则集中在海河沿岸。

3. 近代历史风貌建筑的设计理念、应用技术与西方社会同步

1）先进的设计理念：20世纪20年代，正值英国"花园城市"规划理论盛行之时，英租界新区（即现在的五大道地区）基本按照该理论进行规划与建设，居住区规模适中，配备了学校、教堂、花园、体育场等完整的公共配套设施，形成了宜人的空间尺度和舒适的居住环境。新型公寓建筑、联排住宅等也直接从其诞生地移植到了天津。

2）完善的公共配套和室内设施：各租界的建设注重整地筑路，完善的市政设施，如路灯、绿化、给水排水等设施的建设，在住宅中引进并推广了水冲式厕所，改善了居住环境，提高了卫生水平。

3）先进的房地产开发模式：各租界的建设引进了西方的房地产开发理念和模式。如英、法租界将地块按照四方块划分，周围用道路围合，利于分期出让土地。

4）现代生活方式和城市空间的引入：各租界的建设引进了西方的现代生活方式，如以起居、餐厅、舞厅为中心的家庭生活方式，以公园、教堂、市政厅为中心的社会生活方式，以电车、汽车代步的现代交通方式。这些开放的生活方式与当时保守的中国传统生活方式迥然不同，同时也带来了迥然不同的城市空间。

4. 建筑风格纷呈，建筑艺术多样

由于受中国传统建筑和西方建筑思潮的双重影响，形成了中国传统建筑、古典复兴建筑、折中主义建筑、现代建筑等不同风格建筑共存的局面。它们相互辉映，共同形成了天津独特而又丰富的城市空间和景观。

5. 建筑材料及建造技术特色突出

天津独特的地理环境和水土，形成了独特的建筑材料和建造技术，这些材料和技术在历史风貌建筑上得到了充分体现。如黏土过火砖（俗称疙瘩砖）在五大道民居中运用广泛，其厚重的质感和沉稳的色彩，成为天津建筑的标志（图1-13）。其他如清水砖、粗面石材、仿石水刷石、水泥拉毛墙、细卵石墙等也很常见，材料的质感与美感体现了天津建筑的纯朴与厚重（图1-14）。建造技术融汇了中国南北、世界东西之所长，形成了天津特色的建造技术。如广东会馆戏楼的鸡笼斗栱，独特

图1-13 疙瘩砖细部

图1-14 细卵石墙面

而适用；石家大院的地下通道式的土空调等都为创新之举。

6. 人文资源丰厚

由于天津靠近北京，开放较早，经济繁荣，社会各界名流涌居天津，天津为他们提供了施展才华的舞台，近代中国上演的"历史活剧"给天津留下了珍贵的遗迹。经考证，近代有200余位名人政要曾在天津留下了寓所、足迹和故事：革命先驱孙中山、周恩来、邓颖超、张太雷等在此留下了革命斗争的历史；爱国将领张学良、吉鸿昌、张自忠，曾将这里作为人生的重要舞台；中国近代史上一批杰出的文教科技界人士梁启超、李叔同、严复、张伯苓、侯德榜等在此创办新学、宣传新文化、实践科技救国（图1-15）；末代皇帝溥仪、庆亲王载振在天津做过复辟王朝的白日梦；北洋政府的数任总理和国务大臣在天津导演了一幕幕"政治活剧"。

图1-15　南开中学

图1-16　北洋大学堂（现天津大学）

伴随这些历史人物，在天津的历史风貌建筑是发生了很多中国近代史的开创性历史事件。曾有学者做过统计，近代中国历史上有130余项"第一"在天津诞生，如第一枚邮票、第一张报纸、第一所现代大学（图1-16）等，这些都构成了天津丰富而又独特的城市人文和旅游资源。

历史风貌建筑和历史文化街区作为一种集中有形的建筑资源与无形的人文资源于一体的历史遗存，是天津的宝贵财富，也是城市再发展的文化源泉。今天的天津正按照京津冀协同发展等国家战略的指引，向世界级城市目标迈进。在用创新、协调、绿色、开放、共享等五大理念建设城市、繁荣城市的同时，更好地保护历史文化遗产，更多地突出天津特色，将是建设城市的重要内容。

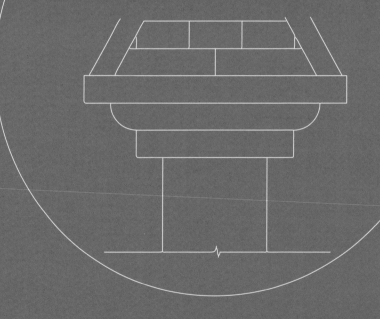

第 **2** 章

墙体砌筑工艺

2.1 历史风貌建筑墙体砌筑工艺简介

砌筑工艺是利用砌筑砂浆对砖、石材和砌块的砌筑，因具有取材方便、技术成熟、造价低廉等优点，在工业与民用建筑和构筑物工程中被广泛采用，建筑常用的砌筑材料包括砖、石材、瓦、砌块等，其中历史风貌建筑砌筑工艺主要以砖为砌筑材料。砖类是建筑常用砌筑材料之一，同时也是最古老的建筑材料之一，种类繁多。历史风貌建筑中的常用砖可分为青砖、红砖及砂缸砖等。红砖又有红草砖、红机砖、硫缸砖等种类。砌筑形式主要为砖券、砖墙、附壁柱、拔檐和墙面花饰等。

2.1.1 砖券工艺简介

券是一种建筑结构，简称拱，又称拱券、法券、法圈。它除了在竖向承受荷载时具有良好的承重特性外，还起着装饰美化的作用。其外形为圆弧状，由于各种建筑类型的不同，拱券的形式略有变化。半圆形的拱券为古罗马建筑的重要特征，尖形拱券则为哥特式建筑的明显特征，而伊斯兰建筑的拱券则有尖形、马蹄形、弓形、三叶形、复叶形和钟乳形等多种形式。

古罗马的拱券结构起初是以砖石为主要材料，后来罗马人发现将火山灰加上石灰石和碎石后产生的天然混凝土具有很强的凝结力，而且不透水，利用这种混凝土可以建造大跨度的拱券和拱顶。于是混凝土成为建造大跨度拱券的主要材料，随着新材料的应用，建筑师的空间观念有了极大的改变，空间的形式更加灵活自由。拱券结构给了古罗马建筑崭新的艺术形象——拱券。这种圆弧形的造型因素大大不同于古希腊梁柱结构的方形造型因素。不过，它很巧妙地融合了方形的柱式因素，组成了连续券和券柱式，构图很丰富，适应性很强，从单跨的凯旋门到有240个拱券的大角斗场。中国拱券砌筑技术用于地上建筑始于魏晋，用砖来砌筑佛塔。东汉时已将筒拱用于拱桥，宋代用于城墙水门，南宋后期用于城门洞。明初出现用筒拱修建的房屋，上加瓦屋顶，仿一般房屋形式，俗称"无梁殿"。

2.1.1.1 砖券类型

砖券是拱券的一种重要类型，在历史风貌建筑中应用最为广泛。砖券按照形状可分为平券、木梳背券、车棚券、半圆券等（图2-1～图2-3）。

砖券中立置者称为"券砖"，每层券上卧铺一层条砖，称为"伏砖"。平券大多只做券砖不放伏砖，木梳背券大多为一券一伏作撞。糙砖的平券和木梳背券，可占用少许砖墙尺寸，被占用部分叫作"雀舍"。平券和木梳背券两端"张"出的部分叫作"张曰"。细作砖券的砖料经过放样，砍制成上宽下窄的形状，叫作"铺棋"。糙砌的砖券所用的砖料不需砍磨，可直接使用。

砖券看面形式多样，有只设券砖的，如甃砖、马莲对、狗子咬、立针等；也有券砖、伏砖相间的，如一券一伏，即一皮卧砌一皮立置，还有两券两伏、三券三伏等，随着券、

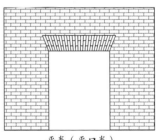

平券（平口券）

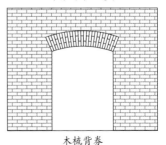

木梳背券

图2-1 平券、木梳背券

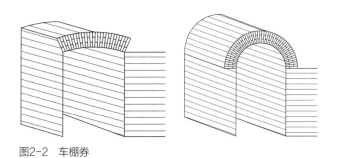

图2-2　车棚券

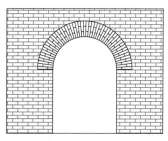

图2-3　半圆券

伏的增加，规制越来越高，结构也更加坚固。在摆砌时应注意用砖为单数，这样才能使券看面对称轴处为一块合拢砖，而不是灰缝，在采用马莲对看面时，露明的合拢砖应为长身（图2-4～图2-7）。

砖券从力学方面分析，起拱是最为科学的，当拱高和跨度之比达到一定数值时，砖券在竖向荷载作用下，内部应力趋于仅承受压力状态，从而发挥砖受压能力强的优势，避免使砖承受拉力作用和受弯。

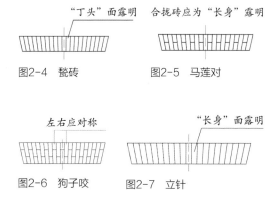

图2-4　鼗砖　　　图2-5　马莲对

图2-6　狗子咬　　图2-7　立针

当采用平券时，由于力学影响，券本身高度不应小于跨度的25%，也不应大于跨度的40%，同时，洞口跨度一般在1～2m之间。

2.1.1.2 历史风貌建筑中砖券示例

1. 安乐邨半圆券

安乐邨位于和平区马场道与桂林路交口，共三幢联排式公寓住宅，属于重点保护级别历史风貌建筑、全国文物保护单位。该建筑建于1933年，由意大利鲍乃第建筑事务所设计，英国天主教会首善堂投资建造。当时租给美国武官居住，名为新武官胡同，1953年改为现名称，著名实业家李烛尘曾在此居住。该建筑外檐为清水砖墙，坡屋顶，瓦屋面，正立面部分混水墙面，建筑装饰元素丰富，每户主入口门洞及二层窗为拱券形，三连拱红砖窗券及镶贴羊头造型装饰的灰线极具特色（图2-8～图2-11）。

2. 原法国兵营平券

原法国兵营位于和平区赤峰道1—5号，建于1915年，由五幢兵营建筑形成组团，属于重点保护等级历史风貌建筑、天津市文物保护单位。五幢建筑均为砖木结构楼房，外檐为清水砖墙，临街立面有砖砌图案装饰，层间设腰线，下有齿饰，窗口上有水泥抹灰窗楣，坡屋顶，平瓦屋面。法国兵营，也称公达乐兵营，原为清朝北洋水师营务处，1900年八国联军侵华期间被法军占据为兵营。1915年重建楼房五幢，包括士兵宿舍、司令部等，其中1号楼作为司令部使用，其他四幢为军官住宅。因这一带划入租界前被称为"紫竹林"，故此兵营又被称为"紫竹林兵营"。驻津法军番号为法国远征军海军陆战队第16兵团，司令官为少将衔，驻扎人数2 000余人，士兵主要驻扎在法军同期强占的东局子天津机器局，即东局子兵营，

图2-8 安乐邨立面

图2-9 外檐灰线（一）

图2-10 外檐灰线（二）

图2-11 外檐灰线（三）

法军为方便两兵营间指挥及运输，修建了轻便铁路，用马匹拽拉车辆来往。

该建筑群的红砖平券及门窗套简洁大方，是近代建筑中较为常见的砌筑工艺，具有代表性（图2-12、图2-13）。

3. 南开中学伯苓楼半圆券

南开中学位于南开区南开四马路20—22号，伯苓楼属于特殊保护等级历史风貌建筑、全国重点文物保护单位，建于1906年，是当时南开中学的主要建筑，1976年震损，1977年原貌复建，具有古典主义建筑特征。该建筑为2层砖木结构楼房，外檐为青砖饰面、坡屋顶、青瓦屋面。建筑首层开方窗，二层为连续拱券窗，拱券门洞突出入口，造型别致。建筑形体简单，但细部处理繁复。

图2-12 原法国兵营

图2-13 门窗口套

南开学校始建于清光绪三十年（1904年），是天津最早的私立中学。创办人为著名教育家严修、张伯苓。初名私立中学堂，旋即改名私立敬业中学堂，1905年改称私立第一中学堂。1907年建成新校舍，改称私立南开中学堂。中华人民共和国成立后改为公立中学，1960年恢复南开中学校名。1913—1917年，周恩来总理曾在此就读。1954—1960年，温家宝总理曾在此就读（图2-14～图2-17）。

图2-14　南开中学伯苓楼

图2-15　南开中学伯苓楼主入口

图2-16　伯苓楼门套券

图2-17　伯苓楼窗套券

2.1.2 墙身工艺简介

2.1.2.1 墙身砌筑类型

1. 干摆

干摆砖的砌筑方法即为"磨砖对缝"做法，常用于比较讲究的墙体下碱或其他比较重要的部位，如博缝、檐子、廊心墙、看面墙、影壁、坎墙等。用于山墙、后檐墙、院墙等体量较大的墙体时，上身部分一般不采用干摆砌法。

2. 丝缝

丝缝做法又称为"细缝""撕缝"，俗称"缝子"。丝缝做法可与干摆做法相媲美，但大多不用于墙体的下碱部分，而是作为上身部分与干摆下碱相结合。丝缝做法也常用于砖檐、梢子、影壁心、廊心等。

3. 淌白

砖墙的砌筑按砖料是否经过砍磨加工，可划分为细砖墙和糙砖墙两大类，淌白墙是细砖墙中最简单的一种做法。淌白做法在三种情况下适用：一是投资有限，但建筑物仍要求有精细的感觉；二是为了产生主次感、变化感，常与干摆、丝缝相结合，如墙体的下碱为干摆做法，上身的四角为丝缝做法，上身的墙心为淌白做法等；三是追求粗犷、简朴的风格，如府第、宫殿建筑中具有田园风格的建筑以及边远地区的庙宇等。

4. 糙砖墙（石作）

凡砌筑未经砍磨加工的砖墙都属于糙砖墙类。如按砌砖的手法分类，有带刀缝（又称为带刀灰）和灰砌糙砖两种做法。带刀缝做法常见于小式建筑中不太讲究的墙体。由于这种做法的灰缝较小，所以多用于清水墙。带刀缝做法除可施用于整个墙面以外，还可作为下碱、墀头、墙体四角、砖檐部分，与碎砖抹灰等做法相组合。带刀缝做法所用的砖料以开条砖为主，有时也用四丁砖代替。

5. 碎砖墙

碎砖墙为碎砖压泥做法，常见于小式建筑中，用于不讲究的墙体、基础等，也常作为上身或墙心，与其他做法的下碱或整砖"四角硬"相组合。碎砖墙还可作为"外整里碎"墙的背里部分。

6. 琉璃砌体

琉璃除了常用于砌筑"大屋顶"以外，还被用来制作各种琉璃砖，砌筑琉璃砌体。在古代社会中，琉璃只能用于宫殿、庙宇建筑中，一般官式建筑和民居是不允许使用的。它是传统建筑中各种砌筑类型的最高等级。

2.1.2.2 历史风貌建筑中墙身砌筑示例

天津独特的地理环境和水土，形成了独特的建筑材料和建造技术，这些材料和技术在历史风貌建筑上得到了充分体现。如黏土过火砖（俗称疙瘩砖）在五大道民居中运用广泛，厚重的质感和沉稳的色彩，成为天津建筑的标志。其他如清水砖、糙面石材等材料也很常见，用材料的质感与美感，体现了天津建筑的纯朴与厚重。建造技术融汇了中国南北、世界东西的技术，形成了天津的特色建造技术。

1. 徐朴庵旧宅磨砖对缝墙面

徐朴庵旧宅位于南开区老城厢东门里大街202号，属于重点保护等级历史风貌建筑，天津市区、县文物保护单位，俗称徐家大院，建于清末民初，现为博物馆。徐朴庵为英商麦加利银行买办。大院采用我国传统合院砖木结构体系，占地面积约1 400m²，建筑面积约700m²，建筑坐北朝南，中轴线由三进院落组成。东西两侧的箭道为内部通道，可作为紧急疏散用，具有天青地方特色。建筑群均为中国传统民居小式做法，采用青瓦硬山屋顶，墙体下碱采用青砖磨砖对缝，门窗为传统木雕和花饰。建筑中还装饰了大量做工精细、寓意吉祥的精美砖雕、木雕，堪称工艺杰作（图2-18）。

图2-18　徐朴庵旧宅

2. 原法国工部局清水墙面

原法国工部局位于解放北路34—36号，属于特殊保护等级历史风貌建筑、天津市文物保护单位，现为办公用房。工部局原为法租界董事会下属工部局中的警察部，后单独改组为工部局，实为直接受法国驻津总领事馆领导的警察局。局内设保安处、巡捕房、稽查处、手枪队、卫生处、消防队等，负责租界内的警务卫生、消防安全工作。局内服役警察配备齐全，如遇突发事件，可立即派出一支武装齐备的警察队伍。各处、各队负责人及主要警官均为法国人，巡捕、警探、消防员以中国人为主，另有部分越南人。大楼一层南侧为消防车库，可停放四辆小型消防车。

该建筑建于1934年，由比利时房产商义品公司设计建造，其为4层混合结构楼房（设有半地下室）。建筑平面布局注重功能合理，立面造型采用古典三段式构图，屋顶采用法国19世纪末流行的曼塞尔式，兼具实用、装饰双重功能，墙面用清水红砖与混水装饰线搭配，大方明快。室内装修简洁，设施完善（图2-19、图2-20）。

图2-19 原法国工部局   图2-20 主入口门洞清水墙面

3. 广东会馆青砖墙面

广东会馆位于南开区南门里街31号，属于特殊保护等级历史风貌建筑、全国重点文物保护单位，现为戏剧博物馆。该会馆建于1907年，由天津海关道唐绍仪等倡议集资兴建，是旅津广东人议事集会的场所。该建筑群是天津现存规模最大、装饰最精美的会馆。会馆内的戏楼布置华贵精美，视听效果好。1912年孙中山曾在这里发表演说；1919年邓颖超曾领导觉悟社成员在这里进行募捐义演；1925年中共领导的天津总工会在这里成立；孙菊仙、杨小楼、梅兰芳、荀慧生等京剧大师都曾在此馆演出。整个建筑群采用中国传统的合院建筑形式，具有广东潮州四合院的建筑特征。该建筑群为砖木结构，青砖饰面，重要的房间和门窗均有精美的砖雕、木雕，工艺精湛。会馆内的戏楼采用穹隆状密集旋转斗栱藻井，装饰华美（图2-21、图2-22）。

图2-21　广东会馆

图2-22　青砖砌筑山墙及细部砖雕

2.1.3　砖檐工艺简介

2.1.3.1　砖檐类型

砖檐俗称"檐子"，用于房屋及院墙外立面，包括多种组砌形式。常见的有以下几种：

1. 一层檐：一层檐通常分为一层直檐（俗称"箭杆檐"）、披水檐和退山尖半混（又称"托山混"）等三种形式（图2-23）。

2. 二层檐：通常用两层普通直檐砖出檐，山墙退山尖砌筑稍复杂时，第二层檐的下棱往往倒成小圆角（又称"鹅头混"，图2-24）。

3. 菱角檐：菱角檐通常用于房屋的封后檐墙和蓑衣顶院墙，菱角檐通常由三层砖砌筑，第一层为直檐、第二层为菱角出檐、第三层为盖板出檐（图2-25～图2-27）。

4. 鸡嗉檐：多用于院墙，通常由三层砖砌筑，第一层为直檐、第二层为半混砖出檐、第三层为盖板出檐（图2-28）。

5. 抽屉檐：抽屉檐多用于普通民房的封后檐墙，通常由三层砖砌筑，第一层为直檐、第二层砖间隔出檐、第三层为盖板出檐（图2-29）。

6. 冰盘檐：冰盘檐是各种砖檐中的较复杂的组砌形式，通常用于封后檐墙、影壁、砖门楼及大式院墙（图2-30）。

简单的冰盘檐一般由直檐、半混、枭和盖板（直檐）组

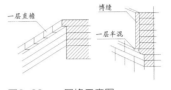

图2-23　一层檐示意图

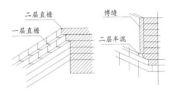

图2-24　二层檐示意图

图2-25　侧立面与正立面

图2-26　第二层菱角出檐平面

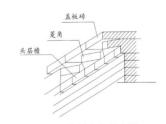

图2-27　屋檐菱角檐示意图

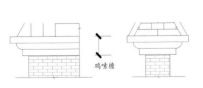

图2-28　院墙鸡嗉檐示意图

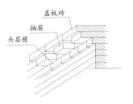

图2-29　抽屉檐示意图

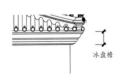

图2-30　冰盘檐示意图

成。复杂的冰盘檐还可使用炉口、小圆混、连珠混（又叫圆珠混）以及砖椽子（包括方椽、圆椽、飞椽），组成各种形式的冰盘檐，通常为4~7层。

7. 带砖雕的檐子：带砖雕的檐子多为冰盘檐形式。一般在头层檐、小圆混和磚椽子三层砖上雕刻。较复杂的砖檐雕刻还可扩展到半混砖，个别的甚至应用到枭混两层砖。

8. 其他类型：有些砖件还可做其他形式的变化，如多层直檐（叠涩）、多层菱角檐等（图2-31）。

图2-31 大清邮政多层砖雕直檐

2.1.3.2 后檐墙砖檐砌筑

后檐墙有两种，露椽子的叫露檐出后檐墙，俗称"老檐出"；不露椽子的叫封护檐墙。

1. 老檐出：老檐出墙的上部（至檐枋）要砌拔檐一层并堆顶，叫作墙肩，俗称"签尖"。签尖高度应为外包金厚度。签尖最高处不应超过檐枋下棱。拔檐砖的位置从檐枋下皮按外包金尺寸往下翻活。砖檐出檐尺寸应不大于砖本身厚度。下完砖檐后，退回到墙外皮的位置，开始做顶。顶的形式为馒头顶（图）和宝盒顶（甩灰抹成"八字"，图2-32）。

2. 封护檐出檐：封护檐墙较简单，不做签尖，自檐墙上身以上出檐，出檐形式多样，如菱角檐、鸡嗉檐和冰盘檐等。砖檐两端紧挨山墙博缝。上端与屋顶瓦相接（图2-33）。

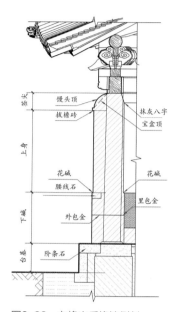

图2-32 老檐出后檐墙侧剖

2.1.3.3 历史风貌建筑中砖檐示例

1. 文庙

文庙也称孔庙，为祭祀孔子的场所。天津文庙位于南开区东门里大街1号，属于特殊保护级别历史风貌建筑、天津市文物保护单位。该建筑群由府庙、县庙、明伦堂组成，按照中国传统的古建筑营造体制建造。文庙始建于明正统元年（1436年），当时称卫学，清雍正年间，天津卫逐渐升为府，该庙则归天津府管理，称府庙。天津府的首县即天津县，因府、县官员不可同祭孔子，雍正十二年（1734年）在府庙西侧另建文庙，由天津县管理，称县庙。由此形成了天津文庙府、县并存的格局。两庙均由万仞宫墙、泮池、棂星门、大成门、大成殿、崇圣祠和东西两侧配殿等组成。县庙为青砖青瓦，体量较小。府庙体量较大，中轴线建筑为黄琉璃瓦顶。文庙是明清两代至民国初年，天津于春秋两季举行祭孔大典的场所，现为文庙博物馆（图2-34~图2-36）。

图2-33 后檐墙

2. 天后宫

天后宫建于元泰定三年（1326年），原名天妃宫，俗称娘娘宫，属于宗教建筑，历经多次重修，是天津市区最古老的建筑群，也是中国现存年代最早的妈祖庙之一。建筑群坐西朝东，面向海河，由山门、牌坊、前殿、大殿等组成，属于典型的中国传统庙宇式建筑。每年天

图2-35 老檐出后檐墙

图2-34 文庙

图2-36 菱角檐

后诞辰，以天后宫为中心举行大型民间酬神庙会活动，沿河船户、周边信众亦纷纷到来，各地商贾云集，造就了天津最著名的商业街——宫南宫北大街（今古文化街）的繁荣（图2-37~图2-39）。

图2-37 天后宫外景

图2-38 冰盘檐（一）

图2-39 冰盘檐（二）

2.2 历史风貌建筑常用砌筑工艺

2.2.1 砖券砌筑工艺

2.2.1.1 普通半圆砖券砌筑工艺

1. 施工前准备

1）构造分析

模拟建造的砖券单拱外形尺寸为：外圆弧长2 940mm、内圆弧长2 190mm、拱的矢高700mm，厚240mm，如图2-40所示。

图2-40 砖券单拱图

图2-41 券胎制作主要工具

图2-42 材料砖制作主要工具

2）主要工具

券胎制作主要工具：榔头、斧子、刨子、锯、墨斗、画笔、方尺、盒尺、水平尺（俗称旱平）、铁剪子、钳子、铅笔、线坠，如图2-41所示。

材料砖制作主要工具：榔头、錾子、锯、刨子、云石锯、扁子、磨具、材料砖模板（俗称砖制子）、画笔、方尺、盒尺、角磨机、铅笔，如图2-42所示。

砖券砌筑主要工具：刨锛、托灰板、笤帚、托线板（俗称担子板）、线坠、水平尺（俗称旱平）、小线、墨斗、大铲、搂子、盒尺、砖缝溜子、灰槽，如图2-43所示。

3）主要材料

主要材料：木条、木板、0.3～0.5mm镀锌薄钢板（或油毡）、钉子、红砖、水泥、粗砂，如图2-44、图2-45所示。

图2-43 砖券砌筑主要工具

图2-44 制胎材料

图2-45 砌筑材料

2. 操作程序及要求

1）制作券胎

选择平面尺寸为1 200mm×2 400mm，厚度大于或等于12mm的木板，按照砖券的形状尺寸——半径为700mm的半圆，以1∶1比例放大样、裁制券胎侧板。截取支撑龙骨，龙骨高度为券厚即240mm，如图2-46、图2-47所示拼装砖券木胎。

券胎外表面包镀锌薄钢板：根据券胎的宽度和内圆弧长，裁剪0.3～0.5mm镀锌薄钢板（或油毡），包在券胎半圆弧外表面，用钉子钉牢，如图2-48所示。

2）安装券胎

将制作好的券胎，安放在窗口上方，加支撑固定，检查券胎的水平及垂直度，图2-49所示。

3）画券胎砖缝

按照原砖券砌砖模数、灰缝（俗称灰口）尺寸，在支好的券胎表面量取中线，确定拱心

图2-46 裁料成型

图2-47 拼装砖券木胎

图2-48 券胎外表面包镀锌薄钢板

图2-49 券胎安装

图2-50 在券胎表面画砖缝

图2-51 打磨

砖位置，再从拱心砖向两侧画出每块砖及灰缝位置，如图2-50所示。

4）制作材料砖模板

根据券内、外圆周长，在保证砖灰缝一致前提下，设计好楔形材料砖外形尺寸，根据外形尺寸制作楔形砖模板，材料砖模板要刨平刮净。

5）选砖

利用砖制子测量砖的三个方向几何尺寸，观察砖的外形平整度，以及有否泛霜、石灰爆裂等现象，选择优等品作为砌筑用砖。

6）加工材料砖

将材料砖模板附在砖表面上，用画笔沿模板的外边缘画线。再用锯按照画线进行切割。对砖的一侧用錾子掏腮加工，然后再用磨具对切割后的材料砖外表面打磨，保证磨后砖表面光滑平整，棱角整齐，检查合格后存放备用，如图2-51所示。

7）浇砖

在砌筑前24小时将加工处理过的砖用水浇透备用。

8）和灰

和制标号为M5的水泥砂浆。

9）砌筑

施工人员站在外脚手架上，分别从券胎两端开始砌筑，一铲灰砌筑一块砖，保证灰缝均匀一致。砌完前五层后进行平整度、垂直度检查，确认误差符合要求后再继续砌筑，砌到砖券中间最后一块砖要挤紧，如图2-52所示。

10）耕缝、勾缝

砖券砌好后，在砌筑砂浆凝固前用搂子将砖缝多余砂浆（俗称舌头灰）搂掉，耕缝深度10～12mm。再用比例为1∶1的细砂水泥砂浆，从上向下、从左向右，用溜子勾凹缝，凹缝深度为5～7mm，然后用笤帚顺砖缝将墙面扫干净，检查合格后交工，如图2-53所示。

11）拆除券胎

砖券砌筑后经过养护，达到设计强度50%时，拆除券胎，如图2-54所示。

图2-52 砌筑

图2-53 耕缝、勾缝完成

图2-54 拆除券胎

2.2.1.2 装饰半圆券砌筑工艺

20世纪初期很多建筑出于装饰需要，在建筑外檐使用青、红砖间隔砌筑，取得了很好的效果。另外使用砖砌筑附墙柱、窗套、砖檐、花饰等，也是这一时期建筑的特色。该砌筑工艺选取南开中学东楼为示例。

1. 施工前准备

1）构造分析

选取该建筑二楼窗的半圆拱券、附墙柱、墙体、砌筑花饰及檐口拔檐为示例。

半圆券：尺寸为内圆弧长1 750mm、外圆弧长2 190mm、内圆矢高600mm；

附墙柱：柱础尺寸为宽420mm、高220mm、凸出墙面35mm，柱头尺寸为上沿宽560mm、高260mm、凸出墙面120mm；

第一道拔檐：一层炉口砖、一层圆混砖；

第二道拔檐：两层平砖、一层圆混砖、一层炉口砖；

第三道拔檐：三层平砖、一层圆混砖、一层炉口砖；

红砖菱形图案：第一道与第二道拔檐之间红砖菱形图案；

红砖卍字花饰：第二道与第三道拔檐之间红砖卍字花饰。

2）主要工具

券胎制作主要工具：榔头、斧子、刨子、锯、墨斗、画笔、方尺、盒尺、线坠、水平尺（俗称旱平）、小线。

材料砖制作主要工具：榔头、錾子、锯、刨子、云石锯、扁子、角磨机、材料砖模板（俗称砖制子）、画笔、方尺、磨具、盒尺。

砖券砌筑主要工具：瓦刀、笤帚、勒子、托线板（俗称担子板）、线坠、水平尺（俗称旱平）、皮数杆、小线、灰槽、水壶。

3）主要材料

券胎制作主要材料：木条、钉子、木板。

材料砖制作主要材料：红砖、青砖、木板。

砖券砌筑主要材料：红砖、青砖、石灰膏、青灰、水泥、砂子。

2. 操作规程及要求

1）制作券胎

按照普通半圆券砌筑工艺制作尺寸为内圆弧长1 750mm、外圆弧长2 190mm、内圆矢高600mm的券胎。

2）制作材料砖

第一步　材料砖模板（俗称砖制子）的制作：按照示例材料砖外形尺寸制作砖券材料砖、炉口砖等各类砖模板，砖模板要刨平刮净。

第二步　选砖：从几何尺寸、外形、色泽等方面选砖。

第三步　材料砖加工：将材料砖模板附在备选砖表面上，用画笔沿模板外边画线，再用锯及扁子按照画线进行切割。再用磨具对切割后的砖表面进行打磨，保证磨后的砖表面光滑平整，棱角整齐，检查合格后存放备用如图2-55所示。

图2-55　材料砖加工

3）浇砖、和灰

浇砖：在砌筑前24小时将砖用水浇透备用。

和灰：和石灰膏与青灰的重量比为1∶0.3的青灰膏，和1∶3的水泥砂浆。

4）砌坎墙、附墙柱、砖券

第一步　砌筑窗口两侧附墙柱：因青砖、红砖模数的差异，附墙柱及坎墙部分红砖采用水泥砂浆砌筑，青砖采用青灰条砌筑。先砌窗下坎墙，青砖打青灰条砌法为砖的三边打青灰条，要求灰条均匀不断，砖缝厚度为5～8mm，如图2-56所示。

图2-56　窗下坎墙砌筑

在坎墙上量取附墙柱、窗口准确位置，摞底、摆砖、看缝。按照红砖、青砖所在层数，交替砌筑柱础、柱身、柱帽，如图2-57所示。

第二步　安装券胎：将制作好的券胎，安装在窗口上方，加支撑固定，检查券胎的水平及垂直。

图2-57　砌筑窗口两侧附墙柱

第三步　砌砖券：施工人员站在外脚手架上，分别从券胎两端开始砌筑，先砌筑第一层红砖皱砖，再砌筑第二层青砖皱砖，拱券部分的青、红砖均采用打青灰条砌法。再平砌第三层红砖。砌筑要一刀灰砌筑一块砖。保证灰口均匀一致，砌到砖券中间最后一块砖时要挤紧。砌砖券两侧及上部墙体，随砌随用瓦刀勒灰缝，如图2-58所示。

第四步　勾缝：将红砖缝多余灰（俗称舌头灰）搂掉后，用1∶1比例水泥细砂砂浆从上向下勾缝。勾缝后，将墙面清扫干净，如图2-59（a）、（b）所示。

5）砌拔檐、花饰

第一步　砌第一道两层青砖拔檐：按照拔檐的位置，在红砖层上，挂线砌筑青砖炉口砖一层，再砌筑青砖圆混砖一层，探出炉口砖20mm，用水平靠尺检查出檐砖平整度，墙内侧用红砖背里及填馅，如图2-60（a）、（b）所示。

第二步　砌红砖花饰：在砌完第一道拔檐之后，挂线穿插斜砌45°菱形图案红砖花饰，与青砖墙面衔接顺平、搭接

图2-58　砌砖券

图2-59 勾缝

图2-60 砌第一道两层青砖拔檐

图2-61 砌红砖花饰

严密，菱形块中间凹处用麻刀灰抹平，如图2-61（a）、（b）所示。

第三步　砌第二道四层青砖拔檐：砌法与第一道拔檐相同，第一层砌青砖平砖，探出墙面10mm；第二层砌青砖圆混砖，探出第一层砖20mm；第三层砌青砖炉口砖，其下棱与圆混砖上棱齐平；第四层砌青砖平砖，探出炉口砖10mm，如图2-62所示。

图2-62 砌第二道四层青砖拔檐

第四步　砌红砖卐字花饰：在砌完第二道拔檐之后，量取卐字图案准确位置，摆砖、看样，在青砖墙体中穿插砌筑红砖。

第五步　砌檐口砖：第一层砌青砖平砖，探出墙面10mm；第二层砌青砖圆混砖，探出第一层砖20mm；第三层砌青砖炉口砖，其下棱与圆混砖上棱齐平；第四层砌青砖平砖，探出炉口砖上沿10mm；第五层青砖平砖，再探出下层砖10mm，如图2-63所示。

2.2.1.3 红砖平砖券及门窗套砌筑工艺

法国兵营，也称公达乐兵营，原为清朝北洋水师营务处。1900年八国联军侵华期间被法军占据为兵营。1915年重建楼房五幢，包括兵营、军官住房、司令部等。其中1号楼作为司令部使用。该建筑群的红砖平砖券及门窗套简洁大方，是近代建筑中较为常见的砌筑工艺，具有代表性。该砌筑工艺选取赤峰道（原法租界紫竹林兵营）5号楼为示例。

图2-63 示例砌筑完成

1. 施工前准备

1）构造分析

选取该建筑一楼的红砖平砖券及门窗套为示例。

该门窗口平砖券外形尺寸为：上口宽1 350mm、下口宽1 200mm、券体高为180mm。

2）主要工具

材料砖制作主要工具：榔头、錾子、刨子、锯、云石锯、角磨机、材料砖模板（俗称砖制子）、画笔、方尺、盒尺、磨具；

砖券砌筑主要工具：刨锛、大铲、砖缝溜子、筲帚、搂子、托线板（俗称担子板）、线坠、水平尺（俗称旱平）、小线、墨斗、灰槽、水壶。

3）主要材料

材料砖制作主要材料：机砖、木板。

砖券砌筑主要材料：红机砖、水泥、砂子。

2．操作规程及要求

1）加工门窗口套及装饰线脚材料砖

（1）材料砖模板（俗称砖制子）的制作：按照示例楔形材料砖外形尺寸，制作楔形材料砖模板及炉口砖模板。各种砖模板应刨平刮净。

（2）选砖：从几何尺寸、外形、色泽等方面选砖。

（3）材料砖加工：制作线脚砖（俗称炉口砖），砖券所用的楔形砖及门窗口套所用的拐尺砖等。将砖模板（制子）附在备选砖表面上，用画笔沿模板外边画线。用锯按照画线进行切割，并保证切割后砖的外观质量。然后再用磨具对切割后砖的外表面打磨，保证砖表面光滑平整，棱角规整。制作好的材料砖检查合格后存放备用，如图2-64所示。

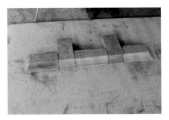

图2-64　材料砖加工

2）弹砌墙墨线

在防潮带上量出墙体的轴线、外墙边线及门窗口位置、尺寸，然后弹墨线。

3）画、立皮数杆

根据砌墙用砖模数及灰缝宽度画皮数杆，将皮数杆立在砌墙的转角处或墙体两端。

4）浇砖

在砌筑前24小时用水将砌筑用砖浇透备用。

5）和灰

用水泥和砂子拌制标号为M5的水泥砂浆。

6）撂底摆缝

按照示例砖墙砌筑模式，在基础防潮带上摆一顺一丁砖缝（俗称十字缝）。

7）砌墙体

首先按照皮数杆模数盘角，挂砌筑线，第一层砖的上棱与砌筑线持平、下棱与外墙线顺平。一铲灰砌筑一块砖，砌筑面要平，不能游丁走缝，并按照一顺一丁的砌筑模式进行砌筑。之后的各层砖砌筑要做到上跟绳、下跟棱。

到达窗台位置时，按窗台皱砖探出尺寸重新挂下沿线。砌筑探出墙面的第一层窗台皱砖，之后将皱砖部分铺灰灌缝。门窗口套砌筑按照原样式，采取五进三退的砌筑模式，其砌筑模数应一致，看面和边角要规整平顺。接着砌筑探出墙面的第二层窗台皱砖及材料砖皱砖，然后铺灰灌缝，检查砌体平整度和垂直度。采取五进三退的砌筑模式，砌筑门窗口套，直至券体底部。对砌筑后的墙体进行搂缝、扫缝，如图2-65所示。

8）支券胎模板

用长度与门窗口宽度相同、与墙同宽的10~12mm厚的木板做平券券胎，券胎下用立柱支撑。按门窗口券底标高，支平券胎，要支稳支牢。再用剪刀撑连接立柱进行加固，券底有1%的起拱，如图2-66所示。

9）砌砖券

按照券体模数、高度、角度要求，先砌门窗砖券券脚。券脚每端深入墙体

图2-66 支券胎模板

图2-65 窗台上砌筑

图2-67 砌砖券

75mm。在券胎模板上用加工好的材料砖摆砖、画缝后砌筑砖券，砖券应从两端向中间砌筑。在平券正中砌券心砖，凸出墙面20mm，如图2-67所示。

10）砌砖券装饰线

装饰线由一层炉口砖和一层平砖组成，先砌筑炉口砖一层，炉口砖上沿探出门窗口套60mm处，再砌筑平砖一层，平砖与炉口砖上沿平齐，券心砖处装饰线要砌八字对缝，如图2-68所示。

11）耕缝、勾缝

对砌好的墙面、门窗口套及装饰线，按照从上到下的顺序，用搂子耕缝，缝深度为8~12mm。耕缝后用笤帚顺砖缝将墙面清扫干净。然后用和好的细砂水泥砂浆

图2-68 砌筑砖券装饰线

图2-69 耕缝、勾缝

图2-70 墙面清理

图2-71 完成

勾缝，勾缝顺序为从上到下，勾缝后缝深为3~5mm。勾缝后，再用笤帚顺墙缝将墙面扫干净，如图2-68、图2-69所示。

12）养护

一般情况在室外温度20~30℃时，养护2~3天，将模板拆除交活，如图2-70、图2-71所示。

2.2.2 墙面砌筑工艺

墙面砌筑以红桥区西沽地区洪家胡同一幢普通的四合院民居为示例，按照施工工序进行墙面砌筑工艺演示，包含了青砖加工和磨砖对缝、丝缝墙体、小式建筑撞头、拔檐、博缝等砌筑工艺。

1. 施工前准备

1）主要工具

木抹子、榔头、锤子、斧子、手钻、角磨机、云石锯、小线、布、水平尺、錾子、大铲、瓦刀、墨斗、扁子、铁抹子、小盒、铅笔、木锉、铁管、扁铲、磨具、钳子、盒尺、凿子、刨子、偏口刨、砂纸、平掀、三齿、水壶、水舀子、水桶、毛刷、托灰板、壁纸刀、方尺、勒子、瓦枕、模具、瓦尺杆、木锯、铁锯、灰槽、皮数杆、担子板（托线板）、靠尺、木杠。

2）主要材料

青灰、粗砂、黄土、水泥、石片、白灰、麻刀、灰膏、滑秸、油漆、铜丝、铁丝、石材、胶、钉子、砂纸、滴水瓦、花边瓦（猫头瓦）、小青瓦、盖瓦、勾头瓦、青砖、看海、木料、椽子。

3）青砖加工

（1）选砖：

用模具对砖的外形尺寸及外观质量进行挑选。

（2）模板制作：

制作材料砖模板、枭砖模板、圆混砖模板。

（3）画线：

画枭砖、圆混砖、丁砖、肋砖、披水砖的切割线，如图2-72（a）、（b）所示。

（4）材料砖切割、剔凿、打磨，如图2-73（a）、（b），图2-74所示。

图2-72　画线

图2-73　切割

2. 操作程序及要求

1）弹砌墙墨线

在砌筑面上，按墙体厚度弹砌墙尺寸墨线及屋架柱脚石、角柱石、门洞口等线。弹墙体中轴线、墙体外边线、墙体内边线，画柱脚石线。量取并标注门口线及柱脚石中线。

2）稳柱脚石

将柱脚石按照弹线位置用素水泥浆稳好。调整柱脚石平整度确保顶面水平。之后将木柱底端作防腐处理，如图2-75、图2-76所示。

3）立木柱、安装屋架及檩条

将木柱垂直立在柱脚石上，并将制作好的木屋架吊装与木柱上端榫部进行连接。连接后再把木柱及屋架临时固定。两品屋架之间用加工好的檩条采取榫接方式进行连接，接着再对两品屋架的垂直度校正无误后进行整体支撑固定，如图2-77~图2-78所示。

4）砌磨砖对缝墙体

（1）撂底摆缝：

在砌筑面上按三顺一丁（俗称三七缝）的方式摆砖缝并满足破缝要求，如图2-79所示。

图2-74　材料砖成形

图2-75 稳柱脚石

图2-76 木柱刷防腐

图2-77 屋架安装

图2-78 檩条安装

图2-79 撂底摆缝

图2-80 抹衬脚

图2-81 立角柱石

（2）检查砌筑面：

用水平尺检测砌筑面平整度。如果不平则用白灰膏抹平（俗称抹衬脚），如图2-80所示。

（3）画立皮数杆：

根据砌墙用砖模数画皮数杆，并将皮数杆立在砌墙的端部或转角处。

（4）立角柱石挂砌墙控制线：

将事先加工好的角柱石按照弹线位置对正、稳好。对水平及垂直度进行校正，保证无误。之后挂砌墙立线、卧线、罩线，如图2-81所示。

（5）浇砖、和灰浆：

浇砖：在砌筑前24小时用水将砖浇透备用。

和灰浆：用白灰、黏土和制桃花浆。白灰与黏土比例为4∶6。

（6）裁切七分头砌筑砖。

（7）墙体砌筑：

①砌第一层砖。按照三顺一丁的砌法顺墨线和卧线砌筑，砖上棱与卧线平齐、砖下棱与弹好的墨线摆正对齐。砖内侧垫石片找平即背撒，每次只垫一块石片，而不能两块石片重叠垫，防止落撒。一层砖砌筑完成后要用水平尺及靠尺检查每一块砖摆放的水平和垂直情况（俗称打站尺）。将靠尺底端靠贴在砖外侧上端与罩线贴严，如图2-82所示。

②背里、填馅、灌浆。

第一步　背里、填馅：背里砖可用青砖也可用红砖。背里砌筑时，需对应外墙模数拉接组砌，防止砌成两半墙。中间空隙用整砖或碎砖填平，如图2-83、图2-84所示。

第二步　灌浆：分三次进行灌注。第一遍和第三遍浆较稀、第二遍浆较稠。第三遍浆灌后将砖表面刮平，多余灰浆刮掉，如图2-85所示。

③抹大麻刀灰（俗称抹线）。和大麻刀灰，灰膏、麻刀的重量比为100：5，麻刀的长度不小于25mm。

在灌浆面表层抹大麻刀灰。用抹子将麻刀灰抹平，防止上层砖砌筑后灌浆时漏浆串浆，污染墙面，如图2-86所示。

④修磨墙体的砌面和外立面（俗称刺趄）。在抹完大麻刀灰后将砌筑面及墙面清理干净。凡平缝和立缝不平、不严的缝口用磨具进行修整磨平。对墙面砖有砂眼及轻微磕碰面的地方，要用砖粉加青灰进行修补。第一层砖砌筑后可将罩线撤掉，以后各层砖砌筑步骤与第一层砖砌筑完全相同。同时要做到砌筑时上跟绳、下跟棱，对缝要平。

立门口右角脚柱石。砌筑方法与前述砌筑方法相同。

5）稳压面石

当磨砖对缝墙体砌到与角柱石同高时将事先加工好的压面石，稳压在角柱石上部。检测压面石水平及垂直度，保证压面石表面绝对平整。之后按同样的方法继续砌筑墙体，如图2-87所示。

6）退花碱、砌丝缝墙体

（1）和青灰浆：

将青灰块砸碎，用水浸泡，并搅拌均匀。之后将青灰浆倒入灰膏槽内，再搅拌均匀。

（2）退花碱：

当磨砖对缝墙体砌筑到与压面石同高时，向上砌筑时外墙面需向内退5~8mm，形成一个退台，即退花碱。之后弹退花碱墨线。

（3）看面砌筑：

山墙退花碱后用"五扒皮"砖进行丝缝砌筑，压面石局部为磨砖对缝砌筑。

图2-82　第一层砌筑

图2-83　背里

图2-84　填馅

图2-85　灌浆完成

图2-86　抹大麻刀灰

图2-87　稳压面石

丝缝墙体砌筑灰缝较小，一般为3~4mm，属带刀灰砌筑。挂线砌筑，要做到上跟绳、下跟棱、卧缝要平。具体做法为一手拿砖，一手用瓦刀在砖的露明侧棱上打灰条。在朝里的棱上，打上两个小灰墩，称为"爪子灰"，保证灌浆时，浆汁流入。砖的丁头缝的外棱处也应打上灰条，如图2-88所示。

图2-88 砌筑

（4）背里、填馅、灌浆：

第一步 背里填馅：背里砖可用青砖也可用红砖。背里砌筑时，需对应外墙模数拉接组砌，防止砌成两半墙。中间空隙用整砖或碎砖填平。

第二步 灌浆：分三次进行灌注。第一遍和第三遍浆较稀、第二遍浆较稠。第三遍浆灌后将砖表面刮平，多余浆刮掉。

（5）勒缝、扫缝：

第一步 勒缝（耕缝）：将砌筑好的墙面，用勒子从上到下将立缝、卧缝露出的舌头灰勒掉。勒缝时勒子与墙面成30°角，确保砖缝均匀美观。

第二步 扫缝：勒缝完成后要用笤帚从上到下，顺砖缝方向进行清扫。之后再将整体砖缝及墙面完全清扫干净。

（6）墙面修补：

按照砖粉与白灰2：1的比例，加入适量青灰浆拌制修补灰浆。将拌制好的灰浆用扁铲填补沙眼及磕碰处，并打磨清扫。

（7）漫水活：

将墙面用水喷湿，用洇湿的青砖将墙面从上到下、从左到右打磨一遍，保证墙面平整。检查无误后，用水将墙面浮浆冲洗干净，如图2-89所示。

图2-89 砌筑完成

7）砌盘头（俗称撞头）及砌砖挑檐

（1）制作盘头材料砖：

荷叶墩砖、盘头枭砖、挑檐砖、盘头砖分别画线、剔凿、打磨，并进行成品试拼。

（2）砌盘头及挑檐砖：

先砌一层荷叶墩砖，荷叶墩砖底棱与墙面齐平。在荷叶墩砖上砌一层枭砖，枭砖底棱与荷叶墩砖上棱齐平。在枭砖上砌一层炉口砖，炉口砖底棱探出枭砖上棱40mm。在炉口砖上再砌一层枭砖，枭砖底棱与炉口砖上棱齐平。用丝缝工艺砌筑挑檐砖，砌筑步骤方法同砌筑墙体，再进行勒缝、扫缝，如图2-90~图2-92所示。

8）砌博缝

（1）确定退山尖准确位置：

①计算出脊点标高：檩上皮标高+望板厚+泥被厚+披水砖厚。

②退山尖的点位：脊点标高—博缝砖高度—两层砖拔檐。

（2）砌退山尖：

从退山尖点位拴退槎线，另一端与头层盘头底棱顺齐拴好（俗称浪荡线）。挂线分层砌筑退山尖槎子，山尖呈三角形逐层递减砌筑。退成的角度应与屋面坡度相符，所甩槎子用

图2-90 砌枭砖（一）

图2-91 砌枭砖（二）

图2-92 砌筑完成

打砖找砌筑填平，直至砌到山尖，如图2-93所示。

砌盘头：在枭砖上砌头层盘头，头层盘头下棱探出枭砖上棱及左侧棱各10mm。在头层盘头上砌二层盘头，二层盘头的下棱探出头层盘头上棱及左侧棱各10mm，如图2-94～图2-96所示。

图2-93 退山尖砌筑完成

图2-94 砌盘头

（3）砌博缝两层砖拔檐：

挂线砌筑第一层拔檐直砖，拔檐砖探出墙面与第一层盘头齐平。然后再砌筑第二层拔檐直砖，拔檐砖探出墙面与第二层盘头齐平。在二层盘头上再砌筑戗檐砖，戗檐砖下棱退进二层盘头上棱10mm。上棱与连檐椽相接，左侧与要砌筑的金刚墙齐平。盘头按照磨砖对缝工艺砌筑，之后再按照砌筑部位现场画线制作材料砖，如图2-97～图2-99所示。

图2-95 砌第二层盘头

图2-96 盘头砌筑完毕

（4）砌金刚墙：

按博缝砖厚度在戗檐砖上画出金刚墙外侧边线。挂线砌筑金刚墙仍然按照退山尖角度进行砌筑，砌筑高度与博缝砖高度相同。

图2-97 砌筑第一层拔檐直砖

图2-98 砌筑第二层拔檐直砖

图2-99 砌筑戗檐砖

（5）砌博缝头砖、脊砖：

①博缝头砖画线：用400mm×400mm的方砖按照博缝头砖的式样画线，之后再切割、剔凿、打磨博缝头砖，如图2-100所示。

②博缝脊砖画线：用400mm×400mm的方砖按照退山尖脊的坡度及博缝砖砌筑排缝的规

定画线，之后再切割、打磨博缝脊砖，并砍包灰口线。在每块博缝砖内棱左右两侧画平行于内棱并退进内棱2~3mm的切割线。顺线用小錾子剔凿。用磨具打磨，形成的斜面，俗称包灰口。在方砖上沿用钻斜向内侧打两个孔，然后将铜丝拴在方砖上，如图2-101所示。

③砌博缝头砖：将博缝头砖与戗檐砖前部贴严，检测垂直度及平整度。用铜丝与屋顶及连檐椽进行固定，后部用木楔临时背紧。

④顺线砌筑博缝砖。用铜丝与屋顶进行拉接，砖的后部用木楔固定。

⑤灌浆：分层多次灌桃花浆，直至将砌筑缝隙完全灌满为止，最后再砌博缝脊砖，如图2-102所示。

⑥修缝（打点维修）：整体砌筑完成后，用砖粉灰对砌筑缝及面层不严、孔洞等进行修补打磨，如图2-103所示。

⑦现场制作博缝脊砖山尖：博缝脊砖山尖画线、切割、打磨，如图2-104所示。

⑧博缝脊砖山尖砌筑，如图2-105所示。

⑨砌筑披水砖：檐口部位第一块披水砖探出檐口与瓦檐相同，侧面探出博缝砖50mm。沿檐口披水砖底棱向脊部挂线，顺线用青灰膏砌筑。将需要打截砖的对披水砖，进行打截后再砌筑。脊尖部位用一块小青瓦与两坡披水砖进行衔接过脊，如图2-106所示。

9）砌檐口五层冰盘檐

挂线砌筑第一层直檐砖，出檐尺寸15mm。

按磨砖对缝工艺砌筑。在直檐砖上砌第二层小圆混砖，出檐尺寸20mm，如图2-107所示。

在小圆混砖上砌第三层半混砖，出檐尺寸30mm，如图2-108所示。

在半混砖上砌第四层枭砖，出檐尺寸60mm。

在半混砖上砌第五层盖板砖，出檐尺寸20mm，如图2-109、图2-110所示。

图2-100 博缝头砖成活

图2-101 材料砖制作完成

图2-102 灌浆完成

图2-103 修缝

图2-104 博缝脊砖山尖成活

图2-105 砌筑完成

图2-107　小圆混砖砌筑完成

图2-108　半混砖砌筑完成

图2-106　披水砖砌筑

图2-109　盖板砖修整

图2-110　砌筑完成

第 **3** 章

屋面铺设工艺

3.1 历史风貌建筑屋面简介

屋面是建筑的基本构成元素之一，是房屋顶层覆盖的外围护结构，功能是抵御自然界的风雪霜雨、太阳辐射、气温变化以及其他不利因素。通常有平顶、坡顶、壳体、折板等形式。

天津历史风貌建筑大多建于20世纪30年代，正处于中国建筑从中式传统建筑迈向现代建筑的转折时期。随着生产力水平的提高，新材料、新技术的运用，尤其是社会观念的更新，新的人文思想观、文化观日益的发展，古典大屋顶存在的社会条件已不复存在。对于建筑的创新而言，在创作中盲目的搬用"大屋顶"形式，也是一种不注重科学的态度。受建造年代、地域特色、原料产地、建筑思潮等多方面的影响，历史风貌建筑屋面形式主要分为两类，居住建筑多采用多坡瓦顶，赋予建筑精巧灵动的外形，而公共建筑多采用平顶，来体现建筑庄重大气的气势。这些外部造型的区别也体现了中西方建筑形式、建筑理念、建造技术的差异。多坡瓦顶建筑大多使用黏土瓦，黏土瓦是以杂质少、塑性好的黏土为主要原料，经过加水搅拌、制胚、干燥、烧结而成，按形状可分为平瓦和筒瓦，按颜色则分为青瓦和红瓦。

屋面一般包含结构层、找平层、保温隔热层、防水层、保护层等。

3.1.1 古建筑常用屋面形式

3.1.1.1 古建筑常用屋面形式简介

在中国古代，屋顶对建筑立面起着特别重要的作用，其造型非常丰富，但常见的基本式样只有硬山顶、悬山顶、歇山顶、庑殿顶、攒尖顶（如圆形攒尖、四角攒尖、六角攒尖等）以及平顶（上人屋顶）等几种，如图3-1～图3-6所示。众多屋顶形式的变化，加上灿烂夺目的琉璃瓦，使建筑物产生独特而强烈的视觉效果和艺术感染力。通过对屋顶进行种种组合，又使建筑物的体形和轮廓线变得愈加丰富。屋顶除了实用功能之外，还肩负了很多等级礼制的使命。

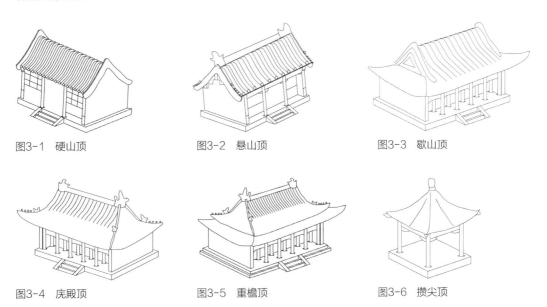

图3-1 硬山顶　　　　　　　图3-2 悬山顶　　　　　　　图3-3 歇山顶

图3-4 庑殿顶　　　　　　　图3-5 重檐顶　　　　　　　图3-6 攒尖顶

3.1.1.2 历史风貌建筑屋面形式示例

1. 独乐寺山门庑殿顶

独乐寺位于蓟州区武定街41号，属于特殊保护等级历史风貌建筑、全国文物保护单位。独乐寺相传始建于唐朝初年，山门和观音阁为辽统和二年（984年）重建，是中国现存最古老的楼阁式木结构建筑，属于宗教建筑。独乐寺由山门、观音阁、东西配殿、乾隆皇帝行宫、卧佛殿、三世佛宝殿、文物陈列室、僧房等建筑组成。山门庑殿顶之鸱吻为中国现存较早的鸱吻造型；柱框和上层屋架之间的斗栱是中国现存木结构建筑中较早的斗栱实例。观音阁内供奉的观音像高16m，有11个头像，也称"十一面观音"，是中国现存最大的泥塑佛像之一。独乐寺山门的匾额出自明代严嵩手笔（图3-7、图3-8）。

图3-7　独乐寺外景

图3-8　独乐寺山门庑殿顶

2. 玉皇阁歇山顶

玉皇阁位于南开区古文化街，属于特殊保护等级历史风貌建筑、天津市文物保护单位。玉皇阁明初建成，于明宣德二年（1427年）重建，是天津市区内现存最大的道观。因其地势较高，濒临老三岔河口，视野开阔，明清两代每年农历正月初八在这里举行"祭星"，重阳节举行登高、"攒斗"等活动。现仅存的主体建筑清虚阁，为砖木结构2层楼阁式建筑，屋顶为重檐歇山顶，屋面采用黄琉璃绿剪边做法，是典型的中国传统大式建筑（图3-9、图3-10）。

3. 天后宫凤尾殿卷棚悬山顶

天后宫位于南开区古文化街80号，属于特殊保护等级历史风貌建筑，全国重点文物保护单位（图3-11、图3-12）。

4. 蓟州区文庙硬山顶

蓟州区文庙位于蓟州区，重点保护等级历史风貌

图3-9　玉皇阁

图3-10　歇山顶

图3-11　天后宫

图3-12　凤尾殿卷棚悬山顶

图3-13　蓟州区文庙大殿

图3-14　蓟州区文庙硬山顶

建筑，天津市文物保护单位。蓟州区文庙始建于金天会年间，明洪武、成化、嘉靖年间多次修缮，清兵入关后被焚毁，后重建，原有东西两院，现仅存西院棂星门、戟门、大成殿、配房、泮池等。建筑采用中国传统官式建筑形式，采用木结构，坐北朝南，正殿前出廊，屋顶为青瓦硬山顶。建筑群布局严谨、层次分明（图3-13、图3-14）。

3.1.2 近代建筑常用屋面形式

3.1.2.1 平屋面

一般把屋面坡度小于5%的屋面称为平屋面，平屋面本身也是有坡度的，用于排除屋面积水（图3-15、图3-16）。

图3-15　李吉甫旧宅外景

图3-16　李吉甫旧宅剖面图

3.1.2.2 坡屋面

1. 小青瓦屋面

小青瓦屋面形式主要应用于民居，如四合院等。小青瓦的屋面形式分为合瓦（阴阳瓦）屋面和仰瓦屋面两种。合瓦屋面是将盖瓦盖于仰瓦垄上，底瓦、盖瓦按一反一正即"一阴一阳"排列。瓦屋面全部采用仰瓦铺成行列，垄上抹灰埂的为仰瓦灰埂屋面，不抹灰埂的为干槎瓦屋面（图3-17~图3-19）。

2. 筒瓦屋面

筒瓦屋面形式主要应用于宫殿、庙宇、王府等大式建筑，以及牌楼、亭子、游廊等。民宅中的影壁、小型门楼、看面墙、廊子、垂花门等也使用筒瓦。筒瓦屋面是用弧形片状的板瓦为底瓦、半圆形的筒瓦为盖瓦的屋面做法，如图3-20、图3-21所示。筒瓦按材质可分为青瓦、红瓦、琉璃瓦。

3. 平瓦屋面

平瓦屋面多用于近代建筑中，常见的有牛舌瓦屋面、红陶瓦等。铺设方式分为挂瓦和卧瓦，挂瓦是用铁钉及铜丝将瓦固定在挂瓦条上；卧瓦是将瓦直接粘附在底层灰上。为确保屋面的防水性，上、下层之间一般采用错缝搭接的方式（图3-22、图3-23）。

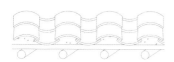
图3-17　合瓦屋面示意图

图3-18　仰瓦灰梗屋面示意图

图3-19　干槎瓦屋面示意图

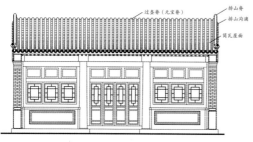
图3-20　传统民居筒瓦屋面

图3-21　近代建筑筒瓦屋面

图3-22　牛舌瓦屋面

图3-23　红陶平瓦屋面

3.1.2.3 特色屋面

历史风貌建筑受多国建筑风格的影响，还有盝顶、穹顶、攒尖顶等其他多种屋面形式。

3.1.3 历史风貌建筑中屋面铺设示例

3.1.3.1 平屋面示例

原麦加利银行平顶

原麦加利银行大楼位于和平区解放北路149—153号，属于特殊保护等级历史风貌建筑、天津市文物保护单位。麦加利银行（亦称渣打银行），创办于1853年，总行设于伦敦，是英国皇家特许的殖民地银行。天津分行开业于1895年，主要业务为定活期存款、汇兑信用证，1954年关闭。该建筑建于1926年，由英商赫明与帕尔克因（景明）工程公司设计，系2层钢混结构楼房（设有地下室），屋顶为平屋顶。建筑主入口由6棵爱奥尼克式巨柱形成开敞柱廊，气势宏伟庄严，建筑整体感很强，是典型的古典主义风格（图3-24、图3-25）。

图3-24 原麦加利银行

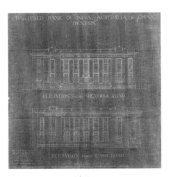

图3-25 原设计图

3.1.3.2 坡屋面示例

1. 平津战役前线司令部旧址小青瓦屋面

平津战役前线司令部旧址位于蓟州礼明庄乡孟家楼村，重点保护等级历史风貌建筑、天津市文物保护单位。该建筑建于20世纪初，系两进三合院住宅。砖木结构平房，正房面阔三间，进深一间，外檐为青砖清水墙面，局部为混水墙面。屋顶为尖山式硬山顶，青瓦屋面，草泥卧瓦，没有盖瓦，瓦垄与瓦垄间相靠。

该建筑原为孟家楼村地主住宅。1948年12月，东北人民解放军借用该住宅作为前线司令部办公地点，司令员林彪即在此办公，直至1949年1月离去。1969年，以此遗址为基础，建成了平津战役纪念馆，1973年后撤销。2010年，市政府对该建筑进行了翻建（图3-26、图3-27）。

2. 霍元甲旧宅小青瓦屋面

霍元甲旧宅位于西青区小南河村，属于重点保护等级历史风貌建筑、天津市文物保护单位。霍元甲旧宅约建于清咸丰年间，1988年

图3-26 平津战役前线司令部旧址外景

图3-27 小青瓦屋面

在原址复原重修，为中国北方传统民居的三合院建筑，北房三间，东西厢房各一间。屋顶为尖山式硬山屋顶，合瓦屋面，草泥卧瓦，盖瓦与底瓦均为板瓦，底瓦按一反一正即"一阴一阳"排列，院落东南设门。建筑形制简朴，外观朴素，现为霍元甲纪念馆（图3-28、图3-29）。

图3-28 霍元甲旧宅

图3-29 霍元甲旧宅小青瓦屋面

3. 安家大院小青瓦屋面

安家大院位于西青区估衣街28号，属于一般保护等级历史风貌建筑、天津市文物保护单位。该建筑建于20世纪初，系独立式住宅，属于典型的中国北方传统合院式建筑群。建筑均为砖木结构平房，外檐为青砖清水墙，屋面为硬山青瓦，草泥卧瓦，檐口处设滴水瓦（图3-30、图3-31）。建筑工艺十分考究，至今仍保留着大量的彩绘、砖雕、木雕及地下金库。

图3-30 安家大院外景

图3-31 小青瓦屋面

安文忠（1852—1941年）是杨柳青"赶大营"第一人，十六岁即随军西行万里，途经一百五十三站，肩挑扁担为官兵提供日用品，支援清军左宗棠部远征新疆，在安文忠的带动下，杨柳青的货郎们形成了庞大的天津赶大营商帮，在当时他们不但促进了经济的繁荣，更增进了民族的团结。

4. 原武德殿琉璃筒瓦屋面

原武德殿位于和平区南京路228号，属于特殊保护等级历史风貌建筑、天津市文物保护单位。武德殿又名演武馆，始建于1941年，是日本武德会天津支部为日本驻军和日本侨民所建进行习武健身的场所。该建筑为2层砖木结构的日本和式建筑，屋顶为歇山屋顶，琉璃瓦屋面，底瓦为板瓦，盖瓦为筒瓦。首层外墙粘贴釉面砖，二层为混水墙面。建筑体量较大，典雅大方，稳重舒展，强调传统建筑的对称构图。经过长期使用并经历了唐山大地震，该建筑的屋顶构件出现了损坏和缺失，在2008年迎奥运环境综合整治工作中，对该建筑进行了恢复原貌的整修，按原工艺重新定制了大量屋面构件并进行了更换修复，达到了"修旧如故"的效果（图3-32、图3-33）。

图3-32 原武德殿外景

5. 静园大筒瓦屋面

静园位于和平区鞍山道70号，属于特殊保护等级历史风貌建筑、天津市文物保护单位。静园原名乾园，系北洋政府驻日公使陆宗舆私邸，建于1921年。该建筑由主楼、图书馆、佣人房、厨房、车库组成。主楼为2层砖木结构楼房，局部3层。外檐为混水墙面，局部硫缸砖清水砖墙。多坡屋顶，红陶大筒瓦屋面，采用大泥卧瓦，各建筑之间由连廊相连，具有折中主义建筑特征。

1929年末代皇帝溥仪迁居乾园，将"乾园"改名"静园"，取"静以养吾浩然之气"之意。1931年溥仪由此出逃到大连，后当上伪满洲国傀儡"皇帝"（图3-34～图3-36）。

图3-33 琉璃筒瓦屋面

图3-34 静园主楼

6. 卞万年旧宅平瓦屋面

卞万年旧宅位于和平区云南路57号，属于重点保护等级历史风貌建筑、全国重点文物保护单位。该建筑建于20世纪40年代，系2层砖木结构独立式住宅，院落狭长。建筑平面为长方形，山墙临街，建筑造型借鉴英国民居特色，采用多层次、大角度的坡屋顶使建筑立面小巧别致，富于变化。平瓦坡顶、红陶挂瓦、硫缸砖清水墙面使得建筑整体色彩协调，温

图3-35 静园回廊

图3-36 大筒瓦屋面

图3-37 卞万年旧宅外景

图3-38 平瓦屋面

馨怡人。室内木地板、壁炉等装饰体现了主人的情趣，至今保存较好（图3-37、图3-38）。

7. 安里甘教堂牛舌瓦屋面

安里甘教堂位于和平区浙江路2号，属于重点保护等级历史风貌建筑、天津市文物保护单位。该教堂于1903年建成，由英租界工部局筹建，1935年毁于火灾，1936年复建，系宗教建筑。其为砖木结构平房，设有地下室、钟楼，外檐为青砖清水墙面，墙面以联排券柱和砖雕花饰作装饰带，门、窗均有多重砖券，朴素又不失典雅。屋顶为多坡牛舌瓦屋面，挂瓦屋面，屋顶中部设有尖顶塔楼。建筑为集中式平面布局，装饰简洁大气，具有哥特式建筑特征（图3-39、图3-40）。

3.1.3.3 特色屋面示例

1. 西开教堂铜皮穹顶

西开教堂位于和平区西宁道11号，属于特殊保护等级历史风貌建筑、天津市文物保护单

图3-39 安里甘教堂外景

图3-40 牛舌瓦屋面

位。西开教堂建于1916年，系宗教建筑。该建筑平面呈拉丁十字形构图，高42m，两侧巨型穹顶内为木结构所支撑，外包铜片；外墙面采用红、黄色砖相间清水砌筑，檐口下采用扶壁连列柱券作装饰带；立面以圆形窗和列柱券形窗组成的半圆形叠砌拱窗为要素，为华北地区最大的罗马风格教堂建筑（图3-41、图3-42）。

图3-41 西开教堂屋面

图3-42 塔楼铜皮盔顶

2. 原华俄道胜银行铁皮盔顶

原华俄道胜银行位于和平区解放北路121号，属于特殊保护等级历史风貌建筑、天津市文物保护单位。该建筑始建于1900年，为2层砖木结构楼房。建筑外檐墙面饰以黄色面砖、券形窗口、饰有人字型山花的平窗、弧形转角及盔顶，是一座具有浓郁的俄罗斯风格的古典主义建筑（图3-43、图3-44）。

图3-43 原华俄道胜银行

图3-44 铁皮盔顶　　　　　　图3-45 原天津工商学院

图3-46 曼赛尔穹顶　　　　　　图3-47 半穹顶

3. 原天津工商学院曼赛尔穹顶

原天津工商学院主楼位于河西区马场道117—119号，属于特殊保护等级历史风貌建筑、全国重点文物保护单位。天津工商学院建成于1925年，现院内存有历史风貌建筑7幢。其中主楼建于1925年，法商永和工程司设计。该建筑为3层混合结构楼房，红瓦坡顶，清水砖墙，建筑平面对称，立面强调古典构图原则，楼顶建有法国曼赛尔结构穹顶。该建筑西侧建有内部小教堂，采用半穹顶，独具特色（图3-45～图3-47）。

4. 原东莱银行塔楼尖顶

原东莱银行位于和平区和平路287号，属于重点保护等级历史风貌建筑、天津市文物保护单位。该建筑建于1930年，由贝伦特工程司设计，系金融建筑，大楼建成后东莱银行从宫北大街旧址迁入新楼。属于3层混合结构楼房，局部有4层，外檐为混水墙面。主入口两侧为贯通两层的科林斯柱廊，檐部为山花，具有典型的仿希腊古典复兴建筑特征。三层为阁楼层，配方柱廊，入口处的阁楼层上设高耸的重檐圆形塔楼，使建筑主入口突出，同时建筑形

式也增加了折中主义的成分
（图3-48、图3-49）。

图3-48 原东莱银行外景

图3-49 塔楼尖顶

3.2 历史风貌建筑常用屋面铺设工艺示例

3.2.1 大筒瓦屋面铺设工艺

1. 施工前准备

主要工具：

木抹子、铁抹子、鸭嘴抹子、小线、瓦尺杆、靠尺、灰槽、榔头、盒尺、钢丝刷，如图3-50所示。

主要材料：

大筒瓦、黄土、麻刀、滑秸、石灰膏，如图3-51所示。

2. 操作程序及要求

1）抹草泥、定垄、弹线

卧瓦前根据瓦型尺寸进行试摆，确定瓦垄宽度和搭接长度，然后根据瓦的搭接长度制作瓦尺杆。用黄土和滑秸和滑秸泥。在屋面土板防水面层上钉挡土条，如图3-52～图3-55所示。

图3-50 工具

图3-51 材料

在屋面土板防水面层上，分两次抹滑秸泥找平层，总厚度不少于50mm；滑秸泥干后，先沿屋脊和檐口拉线，按筒瓦的规格、尺寸分档定瓦垄、弹线刻画标记。

2）卧瓦

按弹线分档定垄铺泥，挂线摆底瓦，随摆瓦、随将瓦压实，保证垄身平直，瓦头探出檐口60～80mm。然后用瓦尺杆检查瓦的搭接长度，调整到位后，再用瓦尺杆将底瓦进一步压实。在两垄底瓦之间填泥，挤满缝隙，做成瓦垄状，然后在泥垄表面堆灰膏，如图3-56、图3-57所示。

3）做瓦腮及檐头

在灰膏上卧盖瓦，用瓦尺杆检查并调整盖瓦间距，将盖瓦压实。用麻刀灰抹瓦腮、瓦脸及檐头，把燕窝堵严抹平。并在抹灰面上刷青灰浆，用鸭嘴抹子压实、压光，如图3-58、图3-59所示。

图3-52 试摆

图3-53 做瓦尺杆

图3-54 和滑秸泥

图3-55 钉挡土条

图3-56 摆底瓦

图3-57 泥垄表面堆灰膏

图3-58 卧盖瓦

图3-59 压实、压光

图3-60 卧脊瓦

图3-61 抹披水

图3-62 瓦屋面成活

4）卧脊瓦

在两个山尖之间拉通线，确定屋脊位置，按线堆滑秸泥，稳脊瓦，用瓦尺杆确定搭接长度并压实，用麻刀灰加腮，并在抹灰面上刷青灰浆，用鸭嘴抹子压实、压光，如图3-60所示。

5）抹披水

在边瓦和山墙的接缝处，用麻刀灰抹披水，并在抹灰面上刷青灰浆，用鸭嘴抹子压实、压光，如图3-61所示。

屋面瓦做到外形整齐、无掉角、砂眼、裂纹，瓦的底泥摊满坐实，瓦垄均匀一致，瓦腮严实，屋脊、檐口平顺，堵抹严实、颜色一致，如图3-62所示。

3.2.2 小青瓦屋面铺设工艺

1. 施工前准备

主要工具:

木抹子、铁抹子、榔头、鸭嘴抹子、瓦尺杆、灰梗掳子、盒尺、小线、靠尺、木杠、灰槽。

主要材料:

小青瓦、水泥、麻刀、石灰膏、青灰。

2. 操作程序及要求

1）瓦尺杆、看海、瓦枕、瓦头材料砖制作

第一步　瓦尺杆制作：按照小青瓦外形尺寸及瓦的搭接长度，在刮好的木板条上画线。用锯顺线截取瓦尺杆，瓦尺杆可长可短，便于使用即可。

第二步　看海材料砖制作：按照看海外形尺寸在青砖上画线，之处再顺线切割、剔凿、打磨，如图3-63所示。

第三步　瓦枕制作：按照瓦垄弹线位置及底瓦的外弧形状，在木板上画线，之后用锯顺线截取瓦枕，如图3-64所示。

第四步　瓦头材料砖制作：按照檐口猫头瓦内弧形状尺寸，在青砖上画线，之后顺线剔凿、切割、打磨，如图3-65所示。

2）调瓦脊、弹瓦垄线

第一步　确定泥脊高度：由脊披水砖顶点向下返40～50mm，即为泥脊的脊高位置，如图3-66所示。

第二步　弹瓦垄线：从边垄（梢垄）开始，用尺量出瓦垄的位置。确定瓦脊高度，弹脊线。在脊线及檐口上分别标出瓦垄位置，之后依次弹瓦垄线，如图3-67所示。

第三步　培泥脊：按照确定的泥脊高度，挂线、培泥。为保证泥脊尖的准确位置，通常培完泥后，在泥脊的两侧用两块小青瓦背部相对放置。直边一侧相碰，并与脊线齐平来固定泥脊高度。然后在瓦的外侧再培泥，将整个泥脊调整完成，如图3-68所示。

图3-63　看海材料砖

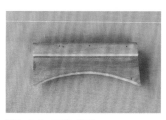

图3-64　瓦枕成活

图3-65　瓦头材料砖成活

图3-66　定泥脊高

图3-67　量瓦垄

图3-68　培泥脊

第四步　调瓦脊：按照瓦垄位置挂线、培泥，在泥背表面抹一层白灰浆，如图3-69所示。

然后将每块小青瓦长度的2/3用青灰浆浸泡后，每垄先摆3～4块底瓦。瓦的搭接长度需用瓦尺杆进行检测，如图3-70所示。

在盖瓦垄位置培泥垄，再摊抹麻刀灰。然后将小青瓦扣在麻刀灰上，再用木杠按压瓦垄，保证瓦垄高度一致。用瓦尺杆对瓦的搭接长度进行检测。

在边垄（梢垄）处将小筒瓦扣在麻刀灰上，并与披水砖及脊瓦进行连接。

第五步　砌砖脊、抹麻刀灰：在两坡脊瓦中间的空隙用砖砌好，砌到与两坡盖瓦齐平。砌好后，盖瓦两侧用麻刀灰抹压严密。然后用麻刀灰抹平瓦挡缝隙，抹灰略高于瓦垄。抹灰后刷青灰浆一道。最后用尖嘴压子抹压。

在脊的两端挂线砌两层砖，将装饰物看海安装、稳好。在砖顶面及两侧抹麻刀灰。先抹侧面灰，再抹压顶灰，中间用靠尺甩拉出装饰凹槽。整体抹灰后、刷青灰浆，如图3-71、图3-72所示。

3）瓦合瓦屋面

第一步　钉瓦枕：按照屋面瓦垄线位置，从边垄开始将做好的瓦枕，顺檐口钉在连椽上。

第二步　挂线、抹底泥、瓦瓦：从边垄开始挂浪荡线，摊抹底泥。在底泥表面抹一层白灰浆，如图3-73所示。

然后顺线从檐口瓦枕开始摆滴水瓦。从滴水瓦向上瓦底瓦，一块压一块，保持同等间距，直到与脊部瓦连接。随摆底瓦、随用木杠及瓦尺杆对底瓦搭接长度及瓦垄顺直进行矫正，如图3-74所示。

在底瓦与披水砖之间摊泥垄，泥垄上摊抹麻刀灰。然后从檐口开始先将勾头瓦稳好。从勾头瓦向上，一块接一块摆小筒瓦，直到与脊部瓦连接。用木杠将小筒瓦靠直、压实。然后用麻刀灰将小筒瓦内侧及底瓦之间的接缝填抹严密，刷青灰浆，如图3-75、图3-76所示。

瓦第二垄底瓦，在两垄底瓦之间摊泥垄。从檐口开始先将制作好的瓦头材料砖摆放在檐口泥垄上。在材料砖上摊抹麻刀灰，之后再在泥垄上摊抹麻刀灰。

将猫头瓦摆上稳好，挂瓦垄线，顺线开始瓦盖瓦。一块压一块，保持同等间距，直到与脊瓦连接。然后用瓦尺杆检查瓦的搭接长度，用木杠对整体瓦垄靠压密实，保证瓦垄顺直。再用

图3-69　泥背抹白灰浆

图3-70　摆瓦

图3-71　稳看海

图3-72　青灰刷完

图3-73　摊抹底泥

图3-74　摆底瓦矫正

图3-75　稳勾头瓦　　　　　　图3-76　摆小筒瓦并压实

图3-77　边垄施工

麻刀灰将盖瓦两侧填抹密实。随后将檐口用麻刀灰抹好，用尖嘴压子进行抹压。最后再整体刷青灰浆一道。

　　之后各瓦垄的施工程序与上部施工完全相同，直到整个屋面瓦施工完成，如图3-77、图3-78所示。

图3-78　小青瓦屋面成活

3.2.3　平瓦屋面铺设工艺

1. 施工前准备

主要工具：

木抹子、铁抹子、榔头、鸭嘴抹子、盒尺、小线、靠尺、灰槽、托灰板、铅笔、墨斗。

主要材料：

平瓦、木条、水泥、麻刀、黄土、石灰膏、铜丝、木杠。

2. 操作程序及要求

1）钉顺水条、挂瓦条

在防水层上，垂直于屋脊方向钉顺水条；按照瓦形尺寸弹线由檐头向屋脊方向定出挂瓦条位置；按弹线，在顺水条上钉挂瓦条，挂瓦条要一次钉牢，不允许重钉，如图3-79所示。

2）挂平瓦

按照由左向右，由下向上的顺序进行挂瓦；上下相邻两排瓦的竖缝应错开1/2瓦宽，不能有竖向通缝；第一排瓦探出檐头50～70mm，瓦底用混合灰填实；檐头处前三排瓦，要用

20号铜丝拴牢，铜丝穿过瓦鼻小孔；瓦的前爪、瓦槽与相邻瓦要搭接严密，上部瓦鼻搭在挂瓦条上，每排挂瓦应平直，排列整齐一致；挂瓦平整，搭接平稳、严实，不得翘边、喝风，如图3-80~图3-82所示。

3）卧脊瓦

在两个山尖之间拉通线，确定屋脊位置，按线堆泥，稳脊瓦，脊瓦搭盖在两坡瓦的交会处，每坡至少压盖40mm，脊瓦搭接处抹灰膏，如图3-83所示。

4）抹披水或弯水

在平瓦与山墙的交接处用麻刀混合灰或1：2.5水泥砂浆，找泛水；分两次抹出封山披水（弯水），抹平压光。

为确保屋面效果，用红颜料调制瓦红色，涂刷披水及屋脊抹灰处，如图3-84~图3-86所示。

图3-79　钉挂瓦条

图3-80　挂瓦

图3-81　挂第三排瓦

图3-82　完成

图3-83　堆泥

图3-84　抹披水

图3-85　披水、屋脊刷红色

图3-86　平瓦成活

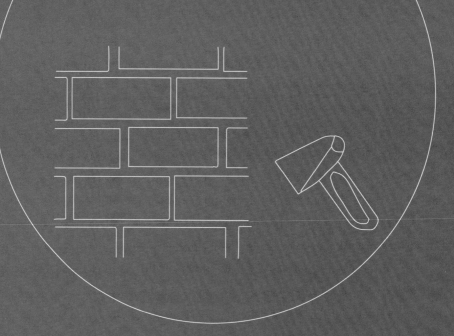

第 **4** 章

外檐饰面工艺

4.1 历史风貌建筑外檐饰面简介

天津开埠通商后，西方建筑形式也流传进来。由于西式建筑更符合现代生活方式，在舒适度和实用性上更加优越，因此在租界大量建造。同时为了满足业主个性化的要求，建筑在外部造型设计上力求新颖独特、形式多样。外檐饰面作为建筑整体造型中的一个重要部分，起到了最直观的视觉效果，同时也体现了建筑自身的艺术和美学效果。

在欧洲，古典主义建筑外檐饰面以石材为主，随着建筑技术、艺术发展及人们对美的追求，外檐装饰式样越来越丰富，出现了面砖、涂料、混凝土、木材多种材料形式。

天津历史风貌建筑通过建筑材料和施工工艺的不同组合、变换，赋予了丰富的外檐造型。

4.1.1 外檐饰面类型

4.1.1.1 清水墙饰面

清水墙饰面包括清水砌体（砖、石等）、清水混凝土饰面。清水砌体勾缝分为斜缝（风雨缝）、平缝、凸缝、凹缝。清水墙多用砖作为砌筑材料，砖具有良好的保温、隔热、隔声、防水、抗冻、不变色等性能，且外形规整、便于砌筑、施工简单。

天津历史风貌建筑外檐清水墙除采用传统的青砖、红砖外，还采用疙瘩砖（黏土过火砖）砌筑，因疙瘩砖具有抗压强度高、耐碱蚀等特性，在五大道民居中运用广泛，通过多种砌筑形式，形成了独具天津特色的外檐风格。

4.1.1.2 抹灰饰面

1. 一般抹灰

一般抹灰指采用石灰砂浆、混合砂浆、纸筋灰及麻刀灰等，对建筑物外檐进行抹灰、罩面。一般抹灰是一种简单的装饰形式，多用于一般建筑或不强调建筑装饰效果的外檐墙面。

2. 装饰抹灰饰面

装饰抹灰是指利用材料特点和工艺处理，使抹灰面具有不同的质感、纹理及色泽效果的抹灰类型与施工方式，常见的有水刷石、拽疙瘩、雨淋板、拉毛、扒落石、席纹、河卵石、剁斧石等。装饰抹灰既具有与一般抹灰相同的保温、防护等功能外，还能凸显鲜明的艺术特色和强烈的装饰效果。

1）水刷石饰面：水刷石饰面是用石渣、水泥、砂子等加水拌和成石渣灰（彩色的需调入相应的颜料），抹在建筑物的表面，半凝固后，用硬毛刷蘸水刷去表面的水泥浆而使石屑或小石子半露的一种饰面方法。它能使墙面具有天然质感，而且色泽庄重美观，饰面坚固耐久、不褪色。

水刷石饰面可应用于大面积外墙，也可以做局部饰面，如檐口、腰线、窗楣、阳台、雨篷、勒脚及花台等部位。

2）甩疙瘩饰面：甩疙瘩饰面是将水泥砂浆团成球状，甩在墙面底子灰上，形成错落有致的水泥疙瘩从而达到装饰效果的饰面。

3）弹涂饰面：弹涂饰面是将干硬性灰浆用工具，连续弹在墙面底子灰上，形成水泥小疙瘩的装饰饰面。

4）雨淋板饰面：雨淋板饰面是在墙面底子灰上，用水泥砂浆自下而上逐层沿水平靠尺，抹成的宽度相同、坡度一致的斜面所形成的装饰饰面。

5）拉毛饰面：拉毛饰面是在底子灰上涂抹水泥混合砂浆或纸筋石灰浆等，然后用工具将砂浆拉出波纹或突起的毛尖状形成的装饰面层。拉毛灰饰面一般用于外墙面、阳台栏板或围墙等墙面。

6）扒落石饰面：扒落石饰面是指用工具，将墙面抹灰的面层砂浆刮成毛面，所形成的装饰饰面。由于能显露出细石碴的颜色，质感明显，装饰效果好。

7）席纹饰面：席纹饰面是指利用席纹模具，在墙面抹灰的面层砂浆上按压或划，形成席纹图案的装饰饰面。具有一定装饰作用，较拉毛抹灰成本低且不易积尘。

8）河卵石饰面：河卵石饰面是在墙面底子灰上，按照由下向上的顺序，将河卵石逐个摁压在墙面砂浆层内，所形成的装饰饰面。

9）剁斧石饰面：剁斧石饰面是指在底灰上抹水泥石碴浆，待达到强度时，用剁斧将面层斩剁，形成类似天然石材的装饰面层。剁斧石饰面质朴素雅、美观大方，具有真实感，装饰效果好（图4-1）。

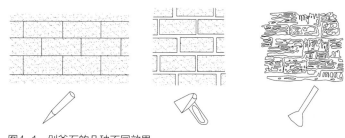

图4-1 剁斧石的几种不同效果

4.1.1.3 贴面类饰面

贴面类饰面是指用各种天然或人造的板、块对墙面进行的装饰处理。这类装饰饰面具有耐久性强、施工简便、装饰效果好等特点。常见的贴面材料包括陶、瓷面砖、玻璃锦砖和水刷石、水磨石等预制板块以及花岗石、大理石等天然石板。质感粗放、耐久性好的陶瓷面砖、陶瓷锦砖、花岗石板等多用于室外装饰。

4.1.2 历史风貌建筑外檐饰面示例

4.1.2.1 清水墙面

1. 清水墙面

原首善堂位于和平区承德道21号，属于重点保护等级历史风貌建筑、天津市文物保护单位。建于1919年，系办公建筑。2层混合结构楼房，设有半地下室，外檐为青砖红砖相间的清水墙面，采用坡屋顶形式。建筑设计为对称布局，入口位于建筑中部。砖砌拱券窗过梁、窗下砖砌花饰及砖砌的扶壁柱、转角处罗汉腿壁柱等，体现了天津砖砌工艺的成熟，也使建筑更加大气厚重（图4-2、图4-3）。

2. 硫缸砖墙面

颜惠庆旧宅位于和平区睦南道24—26号，属于特殊保护等级历史风貌建筑、全国重点文物保护单位。建于20世纪20年代，3层砖混结构独立式住宅（设有地下室），采用红瓦坡顶、硫缸砖清水墙面。建筑对称布局，规整大方，硫缸砖墙面的生动肌理和西方古典拱券、柱廊

图4-2 原首善堂

图4-3 清水墙面

图4-4 颜惠庆旧宅外景

图4-5 硫缸砖墙面

配合得相得益彰，体现了天津地方建筑材料和西洋建筑风格的完美结合。该建筑1943年曾作为伪满洲国领事馆（图4-4、图4-5）。

4.1.2.2 混水墙面

1. 水刷石饰面

庆王府位于和平区重庆道55号，属于特殊保护等级历史风貌建筑、全国重点文物保护单位。1922年由清宫内监小德张所建，独立式住宅，庭院宽敞。2层砖木结构（设有地下室）内天井围合式建筑。外檐两层均设通敞柱廊，建筑形体简洁明快。室内设共享大厅，大气开敞，适应当时的西化生活。外檐墙面、廊柱均为水刷石饰面。该建筑是当时中西合璧建筑的典型代表（图4-6、图4-7）。

2. 甩疙瘩饰面

丰业大楼位于和平区营道口10—12号，属于一般保护等级历史风貌建筑。该建筑建于20世纪20年代，系办公建筑，4层混合结构楼房，设地下室，建筑两侧局部凹进，平面布局近似为"工"字形，第二层以上中部为采光天井。主入口为方形入口，位于建筑中部，左侧另

图4-6 庆王府外景

图4-7 水刷石墙面

图4-8 营口道10—12号

图4-9 甩疙瘩饰面

图4-10 大理道49号

图4-11 窗间弹涂饰面

图4-12 剑桥大楼

图4-13 雨淋板饰面

设副入口，内为通廊通往后院。外檐清水砖墙，正立面装饰甩疙瘩抹灰饰面。采用平屋顶，檐部出挑，檐下设挑梁。建筑体量简单，整体感强（图4-8、图4-9）。

　　3. 弹涂饰面

　　大理道49号属于一般保护等级历史风貌建筑，和平区不可移动文物点。该建筑建于20世纪20年代，3层砖木结构独立式住宅，具有现代建筑特征，第三层设露台，外檐为硫缸砖清水墙面。各层均有弹涂抹灰墙面装饰，高度与窗高相同（图4-10、图4-11）。

　　4. 雨淋板饰面

　　剑桥大楼位于和平区重庆道24号，属于一般保护等级历史风貌建筑，现为居住用房。该建筑建于1936年，为奥地利建筑师盖苓所设计的公寓式住宅楼，因邻近英租界剑桥道（今重庆道），故名剑桥大楼。建筑分前后两幢，4层混合结构楼房，外檐为清水墙面，局部混水设为雨淋板饰面，与建筑整体相协调。外檐各层间均用通长混凝土板作装饰兼窗台、雨棚，体现了现代建筑轻盈的结构美感。房间布局合理，暖卫设施齐全。具有典型的现代建筑特征（图4-12、图4-13）。

　　5. 拉毛饰面

　　林东大楼位于和平区河北路，属于一般保护等级历史风貌建筑、和平区不可移动文物点。该建筑建于1919年，4层混合结构集合式住宅，因其邻近的河北路原名威灵顿道，故取灵顿谐音命名该楼为林东大楼。首层及背立面为清水墙面，其余立面为拉毛混水墙面。该建筑具有现代建筑特征（图4-14、图4-15）。

图4-14　林东大楼外景

图4-15　拉毛墙面

图4-16　睦南道43号

图4-17　栏杆扒落石饰面

图4-18　范竹斋旧宅外景

图4-19　席纹饰面

图4-20　大理道21号

图4-21　河卵石饰面

6. 扒落石饰面

睦南道43号，该建筑属于一般保护等级历史风貌建筑，建于20世纪20年代，2层砖木结构楼房，外檐为硫缸砖清水墙面，二层设砖砌拱券外廊，建筑平面布局成"凹"字形，自然形成一个院落，外廊栏杆装饰扒落石饰面，与外立面硫缸砖饰面相呼应，突出栏杆效果（图4-16、图4-17）。

7. 席纹饰面

范竹斋旧宅位于和平区赤峰道76号，属于重点保护等级历史风貌建筑、和平区文物保护单位。建于1917年，沙德利工程司设计，2层混合结构平顶独立式住宅，设有地下室，局部3层。建筑平面呈围合形式，首层及二层均设有外廊，其中首层为拱券式开敞通廊，建筑混水部位均为席纹饰面，立体感强。该建筑具有典型的折中主义建筑特征（图4-18、图4-19）。

8. 河卵石饰面

大理道21号属于一般保护等级历史风貌建筑、和平区不可移动文物点。该建筑建于20世纪30年代，2层混合结构独立式住宅。该建筑外檐整体为河卵石抹灰墙面，与屋檐处外露木屋架相适应（图4-20、图4-21）。

9. 剁斧石饰面

訾玉甫旧宅位于和平区大理道37号，属于一般保护等级历史风貌建筑、和平区文物保护单位。该建筑建于20世纪20年代，2层砖木结构楼房，清水砖墙，正立面呈对称布局，规整大方。采用红瓦多坡屋顶，屋顶老虎窗采用巴罗克装饰符号，具有折中主义建筑特征。院墙采用剁斧石饰面装饰（图4-22~图4-24）。

4.1.2.3 块料面层

1. 贴砖面层

原华俄道胜银行建筑外檐墙面饰以黄色面砖（图4-25、图4-26）。

2. 水刷石块面层

原开滦矿务局大楼位于和平区泰安道5号—1，属于特殊保护等级历史风貌建筑、天津市文物保护单位。该建筑建于1921年，由英商爱迪克生和达拉斯（同和）工程司设计，系办公建筑。建筑采用严格对称的古典三段式构图，正立面设有14根贯通一、二层的爱奥尼克柱式3层混合结构楼房（设有地下室），外檐为水刷石断块墙面，造型庄严稳重，简洁大方，属典型的古典主义风格建筑（图4-27、图4-28）。

3. 石材面层

横滨正金银行位于和平区解放北路80号，属于特殊保护等级历史风貌建筑、天津市文物保护单位。该建筑建于1926年，由英商爱迪克生和达拉斯（同和）工程司设计，金融建筑。3层混合结构楼房，外檐整体为石材饰面，造型稳重华丽，其正立面的8根科林斯巨柱构成的开敞柱廊强调了对称构图，是典型的古典主义风格（图4-29、图4-30）。

图4-22 訾玉甫旧宅

图4-23 訾玉甫旧宅院墙

图4-24 剁斧石饰面

图4-25 华俄道胜银行

图4-26 瓷砖饰面

图4-27 原开滦矿务局大楼

图4-28 水刷石块料面层

图4-29 原横滨正金银行

图4-30 石材饰面

4.2 历史风貌建筑外檐饰面工艺示例

4.2.1 水刷石饰面工艺

1. 施工前准备

🛠 **主要工具:**

木抹子、铁抹子、线坠、猪鬃刷、口刷、喷雾器、灰槽、靠尺、鸭嘴、铁卡子、托灰板、盒尺、水壶、小线、米厘条、木杠。

🔧 **主要材料:**

石渣、水泥、砂子。

2. 操作程序及要求

1)抹底子灰

第一步 墙面清整:将墙面清扫干净、浇水湿润。

第二步 确定抹灰部位:靠吊墙面垂直度、平整度,拉通线。

第三步 贴饼、冲筋:贴水泥砂浆饼点;将饼与饼之间用水泥砂浆相连(冲筋);推揉木杠,使筋与两饼表面平整一致。

第四步 抹灰:将和好的水泥砂浆填入筋与筋之间的空间内,抹第一遍薄薄的水泥砂浆,然后再抹第二遍水泥砂浆,抹灰面略高于冲筋面;用杠搭在两侧冲筋上揉刮将两筋之间抹灰面刮平;简单用抹子推平;缺灰部位补抹。

2)饰面抹灰

第一步 洗石渣:将成品石渣,过筛后用水清洗,晒干后装袋备用。

第二步 和水泥石渣浆:按照水泥与石渣1∶1.5的比例和水泥石渣浆。

第三步 粘分格条:按照从上到下、从左到右的顺序,用素水泥浆粘贴分格条;分格条要粘结牢固,接槎平顺,横平竖直,如图4-31所示。

第四步 墙面浇水:清理抹灰面,并刷水湿润,要浇匀、浇透。

第五步 刮素水泥浆:刷水后,用铁抹子刮素水泥浆一道,厚度为1~2mm。

第六步 抹水泥石碴浆:按照从上到下、从左到右的顺序,抹水泥石碴浆,厚度与分格条齐平。抹灰中,抹子必须放平。回抹时,抹灰面不应有刮痕。水泥石碴浆要填实,分格条四周要填满,不能出现空边、空角现象,如图4-32、图4-33所示。

当水泥石碴抹面无水光时,用猪鬃刷蘸水刷抹,对墙面石子进行检查,石子不均匀的地方进行填补。稍后用铁抹子蘸水抹压灰浆面,铁抹子要平放,进行拍、揉、压,要抹实、压

图4-31 粘分格条

图4-32 抹水泥石碴浆

图4-33 水泥石碴浆完成

平，并将露出的石子尖棱轻轻拍平，使水泥石碴灰与底子灰粘结牢固，无空鼓、裂纹，面层平整、密实。当墙面略干无水光时，先用毛刷子轻轻刷一遍，再用铁抹子溜一遍，将其表面压实、抹平、挤严。用软毛刷蘸水轻轻刷去表面的灰浆，最后用铁抹子再压一遍。

图4-34 水刷石成活

当水泥石碴浆开始凝结未硬化前（手指按无印痕、刷子刷不掉石子时），用刷子蘸水将面层灰浆刷掉，同时用喷雾器按照由上向下的顺序向石碴面喷水，喷头一般距墙面100～200mm，冲洗净表面的水泥浆，露出石碴，确保石子牢固、清晰、均匀，无凹凸掉粒和接槎痕迹。如遇石碴浆难冲刷时，可用5%浓度的盐酸水刷2～3遍，最后用清水冲洗干净，交活，如图4-34所示。

4.2.2 甩疙瘩饰面工艺

1. 施工前准备

主要工具：

木抹子、铁抹子、线坠、托灰板、木杠、毛刷、筛子、灰桶、托线板、靠尺、钢卷尺、锤子、錾子、炊帚、小压子、小线。

主要材料：

水泥、砂子。

2. 操作程序及要求

1）抹底子灰

同水刷石饰面施工工艺。

2）饰面抹灰

（1）准备工作：

第一步 墙面浇水：从上到下、从左到右将整个墙面用水浇湿、浇透，保证施工要求。

第二步 和灰：按照水泥与粗砂1∶2的比例和疙瘩灰。

（2）甩疙瘩：

第一步 刮素水泥浆：用铁抹子刮素水泥浆一道，厚度为1～2mm。

第二步 甩疙瘩：将疙瘩灰团成球状，直径为50mm左右，按照从上到下、从左到右的顺序均匀甩到墙面上。要求力度适中，使疙瘩表面炸裂，从而达到一定装饰效果，图4-35所示。

第三步 弹涂修补：在疙瘩之间裸露墙面进行弹涂，保证面层效果协调统一。

第四步 疙瘩整形：用钢刷或竹炊帚将没有炸裂的疙瘩扎开，保证墙面疙瘩效果一致。

第五步 养护：成活24小时后，浇水养护3～5天，如图4-36所示。

图4-35 甩水泥疙瘩

图4-36 成活

4.2.3 弹涂饰面工艺

1. 准备工作

> **主要工具：**

木抹子、铁抹子、线坠、托灰板、木杠、毛刷、筛子、灰槽、托线板、靠尺、钢卷尺、锤子、錾子、炊帚、小压子、小线。

> **主要材料：**

水泥、砂子。

2. 操作程序及要求

1）抹底子灰

同水刷石饰面施工工艺。

2）饰面抹灰

（1）准备工作：

第一步　墙面浇水：从上到下，从左到右将整个墙面用水浇湿、浇透保证施工要求。

第二步　和灰：和水泥与粗砂比例为1∶2.5的干硬性灰浆。

（2）弹涂：

第一步　刮素水泥浆：用铁抹子刮素水泥浆一道，厚度为1～2mm。

图4-37　弹水泥灰

第二步　抹水泥砂浆：抹水泥砂浆一道，厚度为3～5mm。

第三步　弹水泥灰：按照从上到下，从左到右的顺序用托灰板、竹炊帚将干硬性水泥灰连续弹在墙面上，形成小疙瘩饰面，要求小疙瘩均匀、无规则、无缝隙，一遍成形，如图4-37所示。

第四步　养护：成活24小时后，浇水养护3～5天，如图4-38所示。

图4-38　成活

4.2.4 雨淋板饰面工艺

1. 施工前准备

> **主要工具：**

木抹子、铁抹子、线坠、托灰板、木杠、毛刷、筛子、灰槽、托线板、靠尺、钢卷尺、锤子、錾子、阴阳角抹子、小压子、小线。

> **主要材料：**

水泥、砂子。

2. 操作程序及要求

1）抹底子灰

同水刷石饰面施工工艺。

2）饰面抹灰

（1）弹线分格：

按照从上到下、从左到右的顺序，用钢卷尺量出分格尺寸，按照分格尺寸点在底子灰上弹出分隔尺寸墨线及边框墨线。

（2）粘贴靠尺抹灰：

第一步　刮素灰浆：沿边框墨线底线、分隔尺寸墨线贴靠尺，在底线靠尺上部墙面刮素灰浆一道，与靠尺同宽，厚度为2～3mm，要刮平、刮严。

第二步　抹第一层雨淋板：沿靠尺在素灰面上抹1：2.5水泥砂浆，抹成斜面，厚度与靠尺齐平，斜面与靠尺同宽，抹灰面先用木抹子搓平，再用铁抹子压光。

第三步　起靠尺：随后将靠尺轻轻抽出，并贴在抹好的斜面上，用铁抹子将第一层雨淋板下沿修好抹平。

第四步　抹第二层雨淋板：靠尺贴在第一层雨淋板灰面上，其下沿与第一层雨淋板底边对齐，按第一层步骤抹第二层雨淋板。按照上述步骤，从下至上依次完成，如图4-39所示。也可以采用双靠尺抹灰进行上下翻尺做法。每次翻尺后都要随手将下沿边用铁抹子修好抹平，再进行下一道抹灰。

图4-39　抹第三层雨淋板

第五步　修残补齐：整体抹灰后，对抹灰面缺损部位进行修补，每层雨淋板要均匀一致，保证横平竖直，粘结牢靠，如图4-40所示。

第六步　养护：成活24小时后，浇水养护3～5天。

图4-40　雨淋板成活

4.2.5 拉毛饰面工艺

1. 施工前准备

主要工具：

木抹子、铁抹子、线坠、托灰板、木杠、毛刷、筛子、灰桶、托线板、靠尺、钢卷尺、锤子、錾子、阴阳角抹子、炊帚、小线。

主要材料：

水泥、砂子、石灰膏。

2. 操作程序及要求

1）抹底子灰

同水刷石饰面施工工艺。

2）饰面抹灰

（1）抹灰前准备

第一步　墙面浇水：从上到下、从左到右将整个墙面用水浇湿、浇透，保证施工要求。

第二步　和砂浆：和水泥、石灰、砂子比例为1∶0.5∶1的混合砂浆；和拉毛灰浆：素水泥浆内掺入适量细砂。

（2）拉毛

第一步　刮素水泥浆：用铁抹子刮素水泥浆一道，厚度为1～2mm。

第二步　抹水泥砂浆：抹混合砂浆一道，厚度为3～5mm。

第三步　拉毛成形：用硬毛刷或炊帚满蘸拉毛灰浆，垂直压在墙面上，并立即拉起，使灰浆形成毛尖状。拉毛时用力均匀，快慢一致，毛尖分布均匀。待毛尖稍干时，用铁抹子把毛尖轻轻压下，使尖部斜向下，整体检查后交活，如图4-41～图4-43所示。

第四步　养护：成活24小时后，浇水养护3～5天。

图4-41　拉毛

图4-42　铁抹子压尖

图4-43　拉毛交活

4.2.6　扒落石饰面工艺

1. 施工前准备

⚙ 主要工具：

木抹子、铁抹子、线坠、托灰板、木杠、毛刷、筛子、灰槽、托线板、靠尺、盒尺、锤子、錾子、阴阳角抹子、小压子、小线。

🔧 主要材料：

水泥、砂子。

2. 操作程序及要求

1）抹底子灰

同水刷石饰面施工工艺。

2）饰面抹灰

第一步　弹线分格：按照从上到下、从左到右的顺序，用盒尺量出分格尺寸。按照分格尺寸点在底子灰上弹出分隔尺寸墨线及边框墨线。

第二步　墙面浇水：在底灰面上浇水，从上向下，要浇匀、浇透。

第三步　粘分格条：沿分格墨线，按照从上到下、从左到右的顺序，粘分格条及边框条；分格条要搭接严密、平顺，横平竖直，粘贴牢固。

第四步　刮素水泥浆：在分格条内满刮素水泥浆一道，厚度为1～2mm。

第五步 抹水泥砂浆：在分格条内分两次抹水泥砂浆，最终厚度与分隔条齐平。先用木抹子搓平，再用铁抹子压光。

第六步 弹断块线：等砂浆强度达到手指摁无指纹时，用小线沿分格条两侧各10mm，弹扒落石断块线。

第七步 做扒落石：在弹线范围内用钢锯条或铁抹子将墙面刮成毛面，要刮均匀，保证毛面的整体效果，如图4-44所示。

图4-44 做扒落石

第八步 起分格条：扒落石墙面操作完成后，将粘贴的分格条用铁抹子尖扎住轻轻摇晃后起出。

第九步 局部修补：起出分隔条后，对凹槽两侧损坏部位用水泥砂浆进行修补，如图4-45所示。

第十步 养护：成活24小时后，浇水养护3～5天。

图4-45 扒落石成活

4.2.7 席纹饰面工艺

1. 施工前准备

🔧 **主要工具：**

木抹子、铁抹子、线坠、托灰板、木杠、毛刷、席纹模具、灰桶、托线板、靠尺、钢卷尺、锤子、錾子、阴阳角抹子、小压子、小线。

🛠 **主要材料：**

水泥、砂子。

2. 操作程序及要求

1）抹底子灰

同水刷石饰面施工工艺。

2）饰面抹灰

（1）准备工作：

第一步 墙面浇水：从上到下、从左到右将整个墙面用水浇湿、浇透，保证施工要求。

第二步 和砂浆：按照水泥、砂子1：3的比例和水泥砂浆。

（2）抹灰：

第一步 刮素水泥浆：用铁抹子刮素水泥浆一道，厚度为1～2mm。

第二步 抹水泥砂浆：分两次抹1：3水泥砂浆两遍，总厚度为10～12mm。先用木抹子将抹灰面搓平，再用铁抹子压光。

第三步 弹网格控制线：按照席纹花饰大小，分格并弹控制线。

第四步 做席纹：待砂浆强度达到手指摁无指纹时，在网格控制线范围内按照从上到下、从左到右的顺序，用席纹模具按压抹灰面，印出席纹图案，并不断变换模具方向，形成完整席纹饰面效果，如图4-46所示。

第五步 局部修补：用水泥砂浆，将损坏的墙面进行修补，如图4-47所示。

第六步 养护：成活24小时后，浇水养护3～5天。

图4-46　做席纹墙面

图4-47　席纹成活

4.2.8 河卵石饰面工艺

1. 施工前准备

🔧 **主要工具：**

木抹子、铁抹子、线坠、托灰板、木杠、毛刷、筛子、灰槽、托线板、靠尺、钢卷尺、锤子、錾子、阴阳角抹子、小压子、小线

🎨 **主要材料：**

水泥、砂子、河卵石

2. 操作程序及要求

1）抹底子灰

同水刷石饰面施工工艺。

2）饰面抹灰

（1）准备工作：

第一步　墙面浇水：从上到下，从左到右将整个墙面用水浇湿、浇透，保证施工要求。

第二步　和砂浆：按照水泥、砂子1∶2的比例和水泥砂浆。

（2）抹灰：

第一步　刮素水泥浆：满刮素水泥浆一道，厚度为1～2mm。

第二步　抹水泥砂浆：抹水泥砂浆一道，厚度为10～12mm。

第三步　粘贴河卵石：河卵石洗净后，先蘸素灰浆，然后按照由下向上的顺序，逐个摁压在墙面砂浆层内，侵入深度为石子整体的30%（含三露七），石子要挤严，石子间隙越小越好。随粘随用木板或木抹子将石子摁牢，保证石子外露部位基本在同一平面内，如图4-48所示。

图4-48　粘卵石

第四步　局部修补：石子脱落部位进行补粘，如图4-49所示。

第五步　养护：成活24小时后，浇水养护3～5天。

图4-49　卵石成活

4.2.9 剁斧石饰面工艺

1. 施工前准备

主要工具：

盒尺、猪鬃刷、抹子、竹扫帚、双刃斧、细沙轮、托灰板、木杠、方尺、靠尺、分隔条、水壶、水平尺、木抹子、口刷。

主要材料：

水泥、中砂、石渣（白色中八厘石，用前需先过筛、洗净）。

2. 操作程序及要求

1）抹底子灰

第一步　抄平放线：整体抄平，在台阶两侧定出水平控制点，拉相交十字线，确定台阶中轴线及抹灰层厚度控制线。

第二步　弹墨线：根据抄平确定点位及抹灰厚度，按照台阶踏步宽度和高度分别弹出踏步抹灰控制线。

第三步　刮刷素水泥浆：台阶表面清扫干净，并用水浇透；刮素水泥浆一道，厚度为1~2mm，要刮平、刮匀、不漏刮，并用笤帚扫毛，如图4-50所示。

第四步　刮较稀水泥砂浆：再刮稀水泥砂浆一道，水泥与砂子的比为2：1，厚度为2~3mm，要刮平、刮匀、不漏刮，砂浆表面用笤帚扫毛。

第五步　贴饼、冲筋：按照墨线所弹抹灰厚度引点，贴水泥砂浆饼点，将饼与饼之间用水泥砂浆相连。推揉木杠，使筋与两饼表面平整一致，如图4-51所示。

第六步　抹底子灰：将和好的水泥砂浆填入筋与筋之间的空间内，用木抹子推平，再用木杠顺筋搓揉，使砂浆与筋同高，再用木抹子将灰表面搓平整、搓成麻面。台阶外边缘及立面用月尺围挡，按照控制线进行抹灰。底子灰抹好后一般需要养护6~7天，如图4-52所示。

2）抹水泥石碴灰面层

第一步　弹线、分块：按照图案设计要求弹墨线、分装饰块。

第二步　浇水、粘分隔条：将抹灰表面浇水，要浇透。然后用素水泥浆，沿弹线粘分隔条，如图4-53所示。

第三步　刷、刮素水泥浆：在分隔条范围内用刷子及抹子刷、刮素水泥浆一道，厚度为1~2mm，如图4-54所示。

第四步　和水泥石碴浆：按照水泥比石碴为1：2.5的比例和水泥石碴浆。

第五步　抹水泥石碴浆：在分隔条内摊浆，抹厚度为10mm的水泥石碴灰。台阶圆弧抹

图4-50　刮刷素水泥浆

图4-51　贴饼

图4-52　抹底子灰

图4-53　浇水、粘分隔条

图4-54　刷素水泥浆

图4-55　抹水泥石碴浆

图4-56　刷掉表面水泥浆

图4-57　养护

图4-58　斩剁

图4-59　成活

灰时要用月尺围好，用抹子横竖反复搓平整，如图4-55所示。

　　第六步　起分隔条：抹灰面初凝2～3个小时后，将分隔条起出，并将凹槽周边轻微损坏处，贴靠尺修补好，然后用软毛刷蘸水将表面水泥浆轻轻刷掉，均匀露出石碴，再用铁抹子压实赶光，如图4-56所示。

　　第七步　养护：待24小时后，苫盖浇水养护。常温（15～30℃）时，养护3～4天；在气温较低（5～15℃）时，养护5～6天，如图4-57所示。

　　3）斩剁

　　经养护达到斩剁强度时，用剁斧将面层斩毛。斩剁前，弹装饰块控制线，一般在装饰块四周留出15～20mm面层不进行斩剁。应先剁装饰块控制线，再斩剁控制线中间部位。斩剁时斧刃方向一致，从左向右依次斩剁，斩剁完上一行，再斩剁下一行。要求斧刃锋利、用力均匀、动作准确、垂直面层，以斩剁掉石渣灰厚度的1/3为宜，一般可两遍成活，用钢丝刷顺剁纹刷净交活。剁斧石应剁纹宽窄、深浅均匀一致，横平竖直，形似天然石材，美观自然，如图4-58（a）、（b），图4-59所示。

第 **5** 章

楼地面
铺设工艺

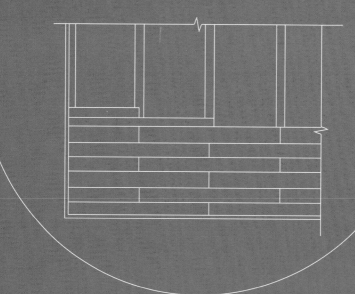

5.1 历史风貌建筑楼地面简介

楼地面是建筑底层地坪与楼层地坪的总称。楼地面按面层材料不同分为水泥砂浆地面、细石混凝土地面、陶瓷锦砖地面、大理石地面、水磨石地面、木质地面等，历史风貌建筑的楼地面主要为后四种类型。

5.1.1 楼地面类型

1. 陶瓷锦砖地面

陶瓷锦砖又称纸皮砖、马赛克。主要原料为优质瓷土和着色剂，经过科学配制和加工后高温烧制而成。陶瓷锦砖的特点：①花色品种齐全，具有多种颜色和多种形状；②具有抗腐蚀、耐磨、耐火、吸水率小、抗压力强、易清洗、不易褪色的优点。主要用于门厅、走廊、卫生间、餐厅、厨房、浴室、居室内墙和地面的装饰装潢。

2. 大理石楼地面

大理石楼地面是指用天然大理石加工成板材，铺设的楼地面。这种地面具有光滑明亮、装饰美观、耐磨、耐久、施工工艺简单、快速等优点，多用于历史风貌建筑中银行、宾馆、住宅的大厅、走廊等地方的楼地面。

3. 水磨石楼地面

水磨石又称高亮水磨石、晶磨石。该面层是将不同颜色、粒径的石碴按比例拌入水泥浆抹制成形后，经表面磨光所形成的面层。常用于地面、台面、墙裙等部位。这种面层具有高亮度、高硬度、不易变形、耐老化、耐污损、耐腐蚀、无缝隙、连接密实、可任意调色拼花、图案色彩丰富等特点。

4. 木质地面

木质楼地面又称实木地板，实木地板以空铺或实铺方式在基层上铺设。具有弹性好、舒适、热导率小、干燥、豪华、美观大方等优点。

实木地板按照构造做法分为单层地板和双层地板。单层地板将面层地板直接铺钉在木龙骨上。双层地板是指先将毛地板铺钉在木龙骨上，再将面层地板铺在毛地板上。

实木地板按照面层铺钉图案分为条形、席纹、人字纹、斜方块等。

条形地板为一种普通的地板。多为单层铺设，地板直接钉在木龙骨上，从墙的一边开始铺钉，之后逐块排紧，接头互相错开并落在龙骨上。条形地板采用松木较为常见。

席纹、人字、斜方块地板为较高级的地板。为双层铺设，地板铺钉在毛地板上，根据房间尺寸、木地板规格、铺设图案，确定铺装起点后开始铺钉。一般用水曲柳、柞木等硬杂木制作（图5-1～图5-4）。

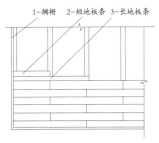

1—搁栅　2—短地板条　3—长地板条

图5-1　条形地板铺钉

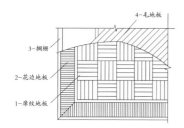

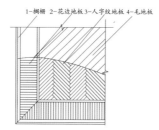

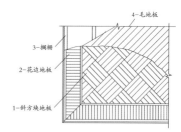

图5-2 席纹地板铺钉　　　　图5-3 人字地板铺钉　　　　图5-4 斜方块纹地板铺钉

5.1.2 历史风貌建筑楼地面示例

1. 陶瓷锦砖地面

1）原开滦矿务局陶瓷锦砖地面

原开滦矿务局大楼内部大厅地面均由陶瓷锦砖装饰，并绘有多种图形，与内部柱式相呼应，凸显富丽堂皇（图5-5～图5-7）。

2）原汇丰银行陶瓷锦砖地面

原汇丰银行大楼位于和平区解放北路82号，属于特殊保护等级历史风貌建筑、天津市文物保护单位。该建

图5-5 原开滦矿务局大楼内景

图5-6 大厅陶瓷锦砖地面

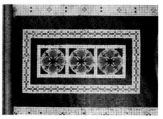

图5-7 陶瓷锦砖地面细部

筑建于1925年，由英商爱迪克生和达拉斯（同和）工程司设计，3层钢混结构楼房，建筑内部大厅地面整体铺设陶瓷锦砖地面。建筑正面及侧面矗立12根巨大的爱奥尼柱，体现出古罗马柱式的高大雄伟，属典型的古典主义风格（图5-8、图5-9）。

图5-8 原汇丰银行外景

图5-9 陶瓷锦砖地面

2. 大理石地面

1）原盐业银行拼花大理石地面

原盐业银行大楼位于和平区赤峰道12号，属于特殊保护等级历史风貌建筑、全国重点文物保护单位，现为中国工商银行。该建筑建于1926年，由华信工程司建筑师沈理源设计，4层砖混平顶楼房，设有地下室和中二层。建筑主入口为通高的神庙式门厅，正立面用6根混合式巨柱支撑形成开敞长廊。墙面为水刷石饰面，饰以精美图案。室内一层大厅铺设大理石拼花图形，与室内柱式相适应，装饰丰富、线脚细腻、富丽堂皇（图5-10、图5-11）。

2）原德国俱乐部大理石地面

原德国俱乐部位于河西区解放路273号，属于特殊保护等级历史风貌建筑、天津市文物保护单位，现为办公用房。该建筑建于1907年，又名德国会馆或康科迪亚俱乐部，是德国侨民政治、社交和文娱活动中心。该建筑为3层砖木结构坡顶楼房，楼内大厅和过道都以半圆券和椭圆形券承重，楼梯立柱和栏杆均饰以精美木雕刻，门窗造型多采用拱形元素。地面铺设大理石，装饰细致（图5-12～图5-14）。

图5-10　原盐业银行外景　　　　图5-11　原盐业银行大厅

图5-12　原德国俱乐部外景

图5-13　原德国俱乐部内檐共享空间地面

图5-14　原德国俱乐部大理石地面

3. 水磨石地面
1）原浙江兴业银行水磨石地面

原浙江兴业银行大楼位于和平区和平路237号，属于特殊保护等级历史风貌建筑、天津市文物保护单位。该建筑建于1922年，由华信工程司沈理源设计，3层混合结构楼房，设地下室，主立面为石材墙面。外檐装饰丰富，设计既庄重又富于变化。室内以精美的木雕和大理石雕刻来装饰。营业大厅的圆形穹顶，由14根大理石圆柱支撑，其环形梁上雕有中国钱币图案，打磨精细，装潢考究，显示了建筑的功能特性和银行的实力（图5-15、图5-16）。

图5-15　原浙江兴业银行外景

2）吴毓麟旧宅水磨石地面

吴毓麟旧宅位于河西区解放南路292号，属于重点保护等级历史风貌建筑、天津市文物保护单位。吴毓麟（1871—1944年），字秋舫，天津人，北洋水师学堂毕业，曾任大沽造船所所长、津浦铁路局局长，1923年出任北洋政府交通总长，1924年退居津门，投资实业。该建筑为3层砖木结构楼房，第三层为屋顶间坡顶，带地下室，采用多坡瓦屋顶，角部有四锥形小塔楼，外轮廓线丰富。室内装饰豪华，门厅内设大理石喷泉，做工精美，局部铺设水磨石地面，并装饰花形图案（图5-17、图5-18）。

图5-16　大厅水磨石地面

4. 木质地面
1）原英国乡谊俱乐部木质地面

原英国乡谊俱乐部位于河西区马场道188号原英国跑马场园内，属于特殊保护等级历史风貌建筑、天津市文物保护单位。该建筑建于1925年，英商景明工程司设计，又称新英国俱乐部。该建筑为2层混合结构庭院式楼房，建筑立面呈对称形式，造型稳重，红砖饰面朴素大方。内部地面、墙面均以木装饰，精美适用，各项娱乐功能在当时天津首屈一指。（图5-19～图5-22）。

图5-17　吴毓麟旧宅外景

2）许氏旧宅席纹地板

许氏旧宅位于和平区睦南道11号，属于重点保护等级历史风貌建筑，天津市区、县文物保护单位。奉系军阀张作霖的四夫人许氏曾在此居住。该建筑建于1926年，由奥地利建筑师盖苓设计。建筑为3层砖木结构，采用英国维多利亚时期民居建筑形式，平面布局合理，使用功能齐全，一层大厅木地板采用席纹铺设。该建筑为红砖墙面，立面构图简洁大方，特点鲜明。采用红瓦坡顶，高耸的坡屋顶与外露木屋架，使建筑显得亲切朴素（图5-23、图5-24）。

图5-18　水磨石地面

图5-19　原英国乡谊俱乐部外景

图5-20 共享大厅木地板

图5-21 舞厅木地板

图5-22 回廊木地板

图5-23 许氏旧宅外景

图5-24 大厅

图5-25 会议室

图5-26 颜惠庆旧宅外景

图5-27 木门

3）颜惠庆旧宅木地板

颜惠庆旧宅位于和平区睦南道24—26号，属于特殊保护等级历史风貌建筑、天津市文物保护单位，建于20世纪20年代，现为办公用房。颜惠庆（1877—1950年），上海人。早年就读于美国弗吉尼亚州中学，毕业于弗吉尼亚州立大学。该建筑1943年曾作为伪满洲国领事馆。旧宅为3层砖混结构楼房，设有地下室，采用红瓦坡顶，硫缸砖清水墙面。建筑内部整体为木装饰，会议室地面采用席纹铺设，与木墙板相适应（图5-25～图5-27）。

5.2 历史风貌建筑常用楼地面铺设工艺示例

5.2.1 人字地板铺设工艺

1. 施工前准备

主要工具：

锯、刨子、榔头、錾子、方尺、盒尺、铅笔、墨斗、手钻、棕刷、毛毡、粗布、软布、扁铲、铁刨花、烤蜡器。

主要材料：

人字地板条、钉子、化学胶、硬蜡、煤油。

2. 操作程序及要求

1）毛地板上弹线取方、弹控制线

（1）弹线取方：

以房间的一面墙为基准，距墙20~50mm弹通线，与墙平行，作为第一条边线。在第一条边线两端用方尺引射线弹第二、三条边线，在第二边线的另一个端点处用方尺引射线弹第四条边线，形成方正的地板边框控制线。

（2）确定铺装起点：

弹地板边框控制线的十字交叉线，十字线的交点为地板铺装的起点。

2）人字地板的铺装

（1）挑选地板试拼：

根据设计需要对人字地板进行试拼，选择色泽一致、插口顺直、无缺陷的地板条，从铺装起点进行拼装试铺，待铺装方向、人字式样确定后进行整体铺装，如图5-28所示。

（2）整体铺装：

按照确定的方向、式样，逐块铺装。随铺随用电钻在地板条侧面斜向打眼，用钉子固定，并将钉帽用錾子、榔头砸到地板条内。拼下一块地板条时要先在启口处抹胶，然后插口连接，用榔头垫短木条轻轻击打，确保拼缝严紧。之后按照同样操作程序拼装直至拼装完成，如图5-29所示。

图5-28 试拼

（3）铺装收边：

地板铺装到墙时，所甩接槎长短、大小不同。应根据拼装模数，对每一块地板条进行量尺、裁板、安装，保证每块地板安装后与墙间距为10~15mm，以利通风。在地板铺装后，做踢脚板，将缝隙盖严。

（4）修整、打磨：

地板铺装后，表面凹凸不平部位先用刨子刨平，再用粗砂纸打磨，最后用细砂纸打磨，如图5-30所示。

3）烤硬蜡

（1）表面清理：

先用干燥软布清除地板表面杂物、尘土，再用潮湿软布

图5-29 整体铺装

将地板表面擦拭干净。

（2）刨蜡花：

用木工刨子将硬蜡块刨成蜡花，装入容器中备用。

（3）撒蜡花、烤蜡：

撒蜡花：从地板一端开始将刨好的蜡花用手转撒在地板表面，确保均匀。

图5-30 铺装成活

烤蜡：一人用烤蜡器将蜡花烤化，使蜡液渗入木地板内，一人随即用粗布将蜡液反复转擦，使蜡液进一步浸入木地板。烤蜡后用扁铲将浮在地板表面的浮蜡清除，收集备用，并将面层磨平整。然后按照撒蜡花、烤蜡、转擦、浮蜡清除的顺序烤第二遍蜡。硬蜡一般要烤2～3遍。最后用铁刨花转擦，用棕刷及毛毡反复摩擦擦光亮，用软布擦磨后交活，如图5-31所示。

图5-31 木地板整体铺装成活

实木地板铺装时所采用的材质和铺设时的木材含水率必须符合设计要求。木龙骨、垫木和毛地板等必须做防腐、防蛀处理。木龙骨安装应牢固、平直。面层铺设应牢固；黏结无空鼓。

实木地板面层应刨平、磨光，无明显刨痕和毛刺等现象，图案清晰、颜色均匀一致。面层缝隙应严密，接头位置应错开、表面洁净。拼花地板接缝应对齐，黏、钉严密。缝隙宽度均匀一致且表面洁净，胶黏无溢胶。踢脚线表面应光滑，接缝严密，高度一致。

实木地板面层的允许偏差，应符合表5-1的规定。

木地板面层的允许偏差 表5-1

项目	允许偏差（mm）		检验方法
	硬木地板	拼花地板	
板面缝隙宽度	0.5	0.2	用钢直尺检查
表面平整度	2	2	用2m靠尺和楔形塞尺检查
踢脚线上口平齐	3	3	拉5m通线，不足5m拉通线和用钢直尺检查
板面拼缝平直	3	3	
相邻板材高差	0.5	0.5	用钢直尺和楔形塞尺检查
踢脚线与面层的接缝	1	1	楔形塞尺检查

5.2.2 水磨石楼地面铺设工艺

1. 施工前准备

主要工具：

木抹子、铁抹子、盒尺、焊平、刮杆、托灰板、灰槽、方尺、钳子、水壶、金刚石、软毛刷、油石、麻布、分隔条、小线。

主要材料：

草酸、川蜡、煤油、石渣、砂子、水泥、白水泥、颜料（掺入量不得大于水泥重量的10%）。

2. 操作程序及要求

1）基层抹灰

抄平：用抄平工具对抹灰地面进行抄平，确定基层找平层抹灰厚度。

和水泥砂浆：按照水泥与砂子1：2.5的比例和水泥砂浆。

贴饼、冲筋：地面浇水，刷一道素水泥浆，要满刷均匀。按抄平点确定的抹灰厚度，拉通线，沿线在地面四周及中间分格位置贴100mm见方的水泥砂浆饼。再将饼与饼之间用水泥砂浆进行连接，将杠搭在两饼上将砂浆刮揉成与饼同高，最后切成宽度为100mm水泥砂浆筋。

抹灰：将筋与筋之间的空间填水泥砂浆。用杠搭在两筋上将水泥砂浆刮平，然后再用木抹子将表面搓毛。在室外温度20～30℃时，养护一周即可。

2）弹分格线、镶嵌分隔条

在基层上按设计图案弹分隔线，然后沿线用白水泥浆镶嵌分隔条，做到接茬平顺，再用白水泥浆在分隔条两侧抹成30°角的斜坡来固定分隔条。浇水养护3天，期间注意保护。

3）水泥配色、过筛

水泥配色、过筛：用量具量取一定比例的颜料及白水泥进行搅拌，然后将调色后的水泥反复研磨、过筛，防止有杂质及水泥颗粒，如图5-32所示。

图5-32　水泥配色

制作配色水泥样板：将研磨过筛后的配色水泥放在砖上加水调拌使其迅速凝结。将凝结后的配色水泥与设计颜色进行比对，如果颜色适当可进行批量加工，否则需反复调制，直至颜色符合要求。

批量加工配色水泥：配色水泥颜色确定后，按照样板的配色比例进行批量配制，研磨、过筛后备用。

按照上述步骤，分别配制符合设计方案不同颜色要求的配色水泥。

4）和水泥石碴灰

按照水泥与石碴1：2的比例和水泥石碴灰。

5）刷配色水泥浆

先将地面浇水湿润，再按照设计方案，均匀刷一道与面层抹灰颜色相同的配色水泥浆，如图5-33（a）、（b）所示。

6）抹水泥石碴灰面层

按照设计方案中的地面断块分色要求，先抹颜色深的水泥石碴灰，再抹颜色浅的水泥石碴灰，防止深颜色抹灰污染浅颜色抹灰面。抹灰时先在抹灰断块的四角放石碴，防止角部抹灰面石碴缺失。然后再抹水泥石碴灰，从中间向四周扩抹。罩面灰应高出分隔条1～2mm。搓抹找平后，在面层均匀撒一层石碴，随用抹子压光横竖碾轧两遍，压出浆（面积小的用木抹子拍平，拍出浆），再用铁抹子抹平，一天后地面满铺锯末浇水养护，如图5-34所示。

7）虎皮石地面

首先按照设计方案要求，在地面断块内浇水湿润基层，然后刷水泥浆一道，再用水泥砂浆将碎石片稳牢。用木杠或小线找平，在石片中间的空隙内填入和好的水泥石碴灰，抹平，如图5-35、图5-36所示。

图5-33　刷配色水泥浆

图5-34　铁抹子抹平

图5-35　拼花

图5-36　碎石片稳牢

8）人工打磨

当温度在20～30℃时，人工养护1～2天后进行第一遍打磨，用粒度为60～90号粗金刚砂轮按"8"字形打磨抹灰面层。边磨边洒水，保证抹灰面层有水，及时清扫磨浆，随磨随用靠尺检查平整度。打磨时要用力均匀、平稳，边角处要细磨，保证面层无磨纹、无道痕，石碴及全部分隔条露出。然后填补砂眼及个别掉落的石子，打磨后用清水刷洗干净，检查合格。稍干后，涂擦与面层同色的水泥浆，清理干净一天后洒水养护，常温下养护2～3天。再用粒度为90～120号金刚砂轮磨第二遍，方法同第一遍。然后按照水与草酸比例为1：0.3的水溶液进行酸洗，露出水泥和石碴本色。再用粒度为180～200号金刚砂轮磨第三遍，方法同第一遍，磨至平整、光滑、无砂眼和细孔。用水冲洗干净后，用240～300号油石将表面磨光，再用清水冲洗干净。

9）上蜡

按照地面各块分色，用白蜡、颜料及煤油配制与地面颜色一致的色蜡，分两遍涂抹在各块水磨石地表面，每一遍都要将色蜡涂抹均匀，然后用软布擦干净。第三遍整个地面统一上白蜡，也要涂抹均匀，如图5-37（a）、（b）所示。

水磨石面层的石粒，应采用坚硬可磨白云石、大理石等岩石加工而成，石粒应洁净无杂物，其粒径除特殊要求外应为6～15mm；水泥强度等级不应小于32.5；颜料应采用耐光、耐碱的矿物原料，不得使用酸性颜料。水磨石面层拌和料的体积比应符合设计要求，且为1：2.5～1：1.5（水泥：石粒）。面层与下一层结合应牢固，无空鼓、裂纹（空鼓面积小于400cm²，且每自然间不多于2处可不计）。

面层表面应光滑，无明显裂纹、砂眼和磨纹。石粒密实，显露均匀。颜色图案一致，不混色。分格条牢固、顺直和清晰。踢脚线与墙面应紧密结合，高度一致，出墙厚度均匀。

图5-37　打蜡完成

第6章

灰线与花饰制作
安装工艺

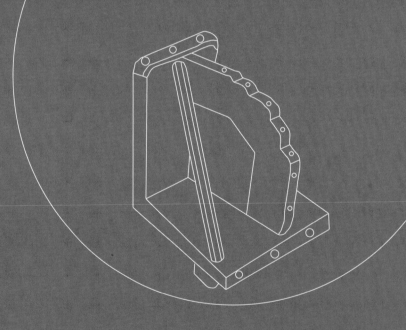

6.1 历史风貌建筑灰线与花饰工艺简介

6.1.1 灰线工艺简介

灰线也称为扯灰线，是常见的一种建筑装饰线，一般用在公共建筑和民用建筑的墙面、檐口、顶棚、梁底、柱端、门窗口、灯座等周围部位设置。装饰灰线形式多样、种类繁多、表现方法各有特色，使建筑增加美感。历史风貌建筑室内外装饰灰线是历史风貌建筑装饰、装修中常见的一种装饰美化手法。

6.1.1.1 灰线类型

灰线的式样很多，线条有繁有简，形状大小不一，各种灰线使用的材料也根据灰线所在部位的不同而有所区别。按照线条的繁简程度划分为简单灰线和多线条灰线。

简单灰线，一般是指1~2条简单的装饰线条（图6-1）。

多线条灰线，一般是指3条以上、凹槽较深、形状不一的灰线。多线条灰线常见于高级装修的房间的顶棚四周、灯口周围等处，线条呈多种式样（图6-2）。

按照灰线的位置划分为柱顶灰线、墙面灰线、顶棚灰线等（图6-3~图6-5）。

图6-1 简单灰线　　图6-2 多线条灰线　　图6-3 柱顶灰线

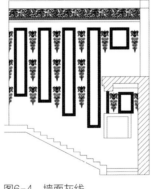

图6-4 墙面灰线

图6-5 顶棚灰线

6.1.1.2 历史风貌建筑中灰线示例

1. 张学铭旧宅灰线

张学铭旧宅位于和平区睦南道50号，属于特殊保护等级历史风貌建筑、全国重点文物保护单位，现为办公用房。张学铭（1908—1983年），辽宁海城人，奉系军阀张作霖之子，著名爱国将领张学良二弟。1928年，张学铭入日本陆军步兵学校学习，1929年回国就职于东北军。1930年任天津市公安局局长，1931年4月任天津市市长兼公安局局长。在任期间，张学铭严格警务、警纪，增加警务设施，半年时间的整训使天津警察成为全国的模范，1931年3月，新任沈阳市公安局局长黄显生，特从天津借调警察赴沈阳警察局做示范，1931年在张学铭领导下，天津军警两次挫败了日本便衣队的暴乱活动。新中国成立后，先后任中国国民党革命委员会天津市副主委、全国政协委员、天津市政协常委。该建筑建于1925年，2层砖木结构楼房，采用红瓦坡顶，清水砖墙，庭院宽敞，花木扶疏。建筑造型稳重大方，内部装修考究（图6-6、图6-7）。

图6-6 张学铭旧宅外景

图6-7 柱顶灰线

2. 梁启超旧宅灰线

梁启超旧宅与"饮冰室"书斋位于河北区民族路44—46号，属于重点保护等级历史风貌建筑、全国重点文物保护单位，现为纪念馆。梁启超（1873—1929年），广东新会人，中国近代著名思想家和学者，清末与康有为共同发动"公车上书"，主张维新。辛亥革命后先后出任司法总长、财政部长等职。1915年定居天津。他反对袁世凯称帝，并与云南督军蔡锷在天津共同策划反袁武装起义；在五四运动中倡导"诗界革命""小说革命"和白话文。其旧宅位于河北区民族路44号，建于1914年，2层砖木结构楼房，设有地下室，设有开敞柱廊，东侧转角处的八角形角楼成为最主要的竖向构图。"饮冰室"书斋位于民族路46号，建于1924年，意大利建筑师白罗尼欧设计，2层砖木结构楼房，设有地下室。建筑平面布局为"凹"字型，强调对称构图，装饰较多且造型复杂。建筑体量厚重敦实，带有古典主义色彩（图6-8~图6-10）。

3. 原英国俱乐部灰线

英国俱乐部初建于1860年前后，也叫英国球房，附设兰心戏院，系英租界侨民集资修建。每逢天津港封冻期间，侨民们即集中在俱乐部中举行舞会、午后茶会、音乐会或戏剧演

图6-8 梁启超旧宅及饮冰室外景

图6-9 灯池灰线

图6-10 饮冰室书斋顶棚灰线

图6-11 英国俱乐部外景

图6-12 大厅顶棚灰线

出，是当时天津租界社会的艺术中心，现为办公用房。现存建筑为1904年重建，位于和平区解放北路201号，属于天津市文物保护单位、特殊保护等级历史风貌建筑，2层砖木结构楼房，设有地下室。建筑采用对称布局，窗间墙均匀布置的爱奥尼克巨柱强调了竖向构图，丰富的立面装饰和拱券门窗，则体现了典型的折中主义建筑风格（图6-11、图6-12）。

6.1.2 历史风貌建筑花饰简介

花饰是建筑装饰的一部分。在建筑中，花饰多用于室内外门窗、花格、花墙、外廊、阳台栏杆、隔断、墙垣以及其他工程部位等。

天津历史风貌建筑大规模建设之时，正是英国"花园城市"建设理念盛行的时期，建筑形式逐渐由实用型转变为装饰型，对生产、办公和住宿场所的要求也逐步增高，花饰工程可增加建筑物室内外的装饰美，提升建筑整体品位。

花饰的品种很多，按使用部位可分为室内花饰、室外花饰；按功能可分为屏风类、隔断类、局部装饰类、栏杆类及采光、遮阳花饰；按使用材料可分为石膏花饰、水刷石花饰、斩假石花饰等品种。

6.1.2.1 历史风貌建筑中花饰示例

1. 原中法工商银行外檐科林斯柱头

原中法工商银行位于和平区解放北路74—78号，属于特殊保护等级历史风貌建筑、天津市文物保护单位，现为办公用房。原中法工商银行于1923年由原中法实业银行改组而成，为中法合资银行，在上海、天津、北京等地设有分行。天津分行1925年开业，1948年停业。该建筑始建于1919年，1932—1933年、1936年增建，4层混和结构楼房设有地下室，局部5层。建筑主入口设于街角，两侧通廊由沿弧线对称布置的10根科林斯巨柱构成，气势宏伟、造型典雅别致，是典型的古典主义风格（图6-13～图6-15）。

2. 原花旗银行爱奥尼克柱头

原花旗银行位于和平区解放北路90号，属于特殊保护等级历史风貌建筑、天津市文物保护单位，现为中国农业银行。花旗银行1812年成立于美国纽约，天津分行开业于1916年，独家负责美国对华贸易输出结算，除办理存放款业务外，还发行钞票，是在津美资银行势力最大的一家。该建筑建于1921年，由建筑师穆菲和达那设计。3层混合结构楼房，仿希腊古典

图6-13 中法工商银行外景

图6-14 科林斯巨柱

图6-15 科林斯柱头

图6-16 原花旗银行外景

图6-17 爱奥尼克柱头

图6-18 原浙江兴业银行

复兴建筑风格。正入口门前由4棵贯通一、二层的巨大爱奥尼克柱构成开敞柱廊，强化其对称构图。室内大厅内部立有7根方柱，墙面镶有壁柱，屋顶有装饰雕刻（图6-16、图6-17）。

　　3. 原浙江兴业银行花饰

　　原浙江兴业银行位于和平区和平路237号，属于特殊保护等级历史风貌建筑、天津市文物保护单位，原浙江兴业银行成立于1907年，由浙江铁路公司创办，总行设在杭州，为"南四行"（浙江兴业、上海、新华、浙江实业）之一。天津分行1915年开业，经营存放款等业务，并发行钞票，1953年结业。该建筑由华信工程司沈理源设计，建成于1922年，现为商业用房。该建筑为3层混合结构楼房，设地下室，主立面为石材墙面。外檐装饰丰富，主入口柱廊中部为双柱，两侧为单柱，底层为塔司干柱式，二层为爱奥尼柱式，庄严气派。该建筑具有古典复兴建筑特征（图6-18～图6-22）。

图6-19 门套

图6-20 花式

图6-21 柱头

图6-22 内檐穹顶

6.2 历史风貌建筑灰线及花饰施工工艺示例

6.2.1 灰线施工工艺

6.2.1.1 灰线抹灰专用模具

灰线抹灰前,应先按设计的灰线型式和尺寸,制作木质灰线抹灰工具,应成型准确、表面平滑。主要包括一般灰线抹子、角线抹子、圆形灰线抹子、合叶式喂灰板和攒角尺等。

1. 一般灰线抹子

一般灰线抹子适用于墙面、顶棚、梁底及门窗口等灰线。灰线抹子的灰线口包镀锌薄钢板。使用时,靠在靠尺上,用两手握住抹子捋出线型,如图6-23所示。

2. 角线抹子

角线抹子适用于顶棚与墙面、柱面交接处设置的灰线。角线抹子中间木板的上口称灰线口,在灰线口包镀锌薄钢板以减少抹灰的摩擦阻力。侧面的木板称为侧板,在侧板顶面及外侧面上部包镀锌薄钢板,在抹灰线时侧板紧贴上靠尺;底面的木板称为底板,底板侧面及底面包镀锌薄钢板,抹灰线时底板紧贴下靠尺上,利用上下两根固定的靠尺做轨道,推拉出线型,如图6-24所示。

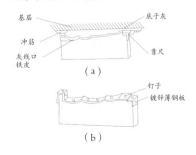

图6-23 一般灰线抹子

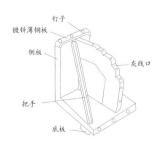

图6-24 角线抹子

3. 圆形灰线抹子

适用于室内顶棚的圆形灯头灰线和外墙面门窗洞口半圆形装饰灰线。灰线抹子一端做成灰线口，另一端按圆形灰线半径长度钻孔，操作时将有孔的一端用钉子固定在圆形灰线的中心点上，另一端沿灰线半径划圆，形成圆形灰线，如图6-25所示。

4. 合叶式喂灰板

合叶式喂灰板（又称喂马）是配合灰线抹子抹灰线时的上灰工具。根据灰线大致形状，用镀锌钢丝将两块或数块木板穿孔连接，能折叠转动，如图6-26所示（木板、塑料布、镀锌钢丝环）。

5. 攒角尺

攒角尺是用于灰线抹子无法抹到的灰线阴角接头（合拢）的工具。攒角尺用硬木制成，长短以灰线镶接合拢长度来确定，两端呈45°斜角，有斜度的一边为刮灰的工作面。其优点是操作时既便于伸至合角的尽端，又不致碰坏已镶接好的灰线，如图6-27所示。

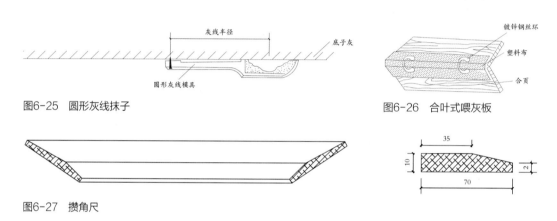

图6-25　圆形灰线抹子

图6-26　合叶式喂灰板

图6-27　攒角尺

6.2.1.2 室内灰线施工工艺

工艺展示选用和平区大同道15号（原中国实业银行）内檐灰线为示例。该建筑为重点保护等级历史风貌建筑，建于1921年，由基泰工程司设计并监造，由当时中国实业银行使用，具有古典复兴建筑特征。本示例对该楼室内大厅共享空间灰线进行演示，在个别工序施工演示过程中，使用现代工具替代传统工具。该灰线外形尺寸上沿出挑宽度为900mm、高度1 070mm。小齿外形尺寸为长110mm、宽110mm、高110mm。大齿外形尺寸高310mm、宽160mm、上端厚150mm、下端厚80mm。

1. 施工前准备

主要工具：

水平尺、平锹、刨子、薄膜、三齿、大铲、抹子、瓦刀、压子、木锯、錾子、扁子、扁铲、各种铅笔、胶带、木抹子、小线、木锉、猪鬃刷、铁皮尺、斧子、钳子、盒尺、榔头、剪子、胶皮榔头、壁纸刀、改锥、墨斗、托灰板、毛刷、筷子笔、方尺、小刀、大小刻刀、凿子、手电钻、攒角尺、臂力尺（现场制作）、搅灰刀（现场制作）、各种灰线模具（俗称灰线抹子，现场制作）、喂马、齿式灰线模、笤帚、筛子、胶皮手套、毛巾、铁卡子、灰槽、水壶、浆桶、木杠、担子板、靠尺、线坠。

水泥、白灰膏、砂子、黑油漆、化学胶（代替传统使用的猪皮膘）、白水泥、腻子、火碱、石膏、蓝色颜料、肥皂、大白粉、机油、白面粉、铁丝、砂纸、麻刀、油麻、大芯板、胶合板、纤维板、木材、钉子、白铅铁等。

2. 操作程序及要求

1）制作灰线骨架

（1）弹线：

参照室内标高+500mm控制线，量出灰线底端标高控制点、上端控制点，弹画灰线底端、上端水平墨线，再弹灰线水平中线墨线。沿上端水平线逐个量出龙骨安装位置点。用担子板将上端水平线的龙骨位置点返到底端水平线上，弹龙骨安装线。

（2）制作支撑龙骨模板：

测量示例灰线支撑龙骨的尺寸，用铅笔画在薄板上。顺线裁剪出支撑龙骨模板，如图6-28所示。

（3）制作支撑龙骨：

将支撑龙骨模板附在25～30mm厚木板上，沿模板外边画线。取下模板后顺线裁料加工，成型后刷防腐油漆一道，如图6-29所示。

（4）支撑龙骨安装：

按照灰线弹线位置将制作好的支撑龙骨安装在墙上。将龙骨板固定在安装好的龙骨上。龙骨板之间用椽子连接，检测安装后的龙骨板垂直度后固定，如图6-30所示。

（5）钉板条：

用50mm长的钉子将加工好的木板条钉在支撑龙骨上。在灰线突出部位的板条上钉钉子、缠铁丝，如图6-31、图6-32所示。

图6-28　裁剪

图6-29　刷防腐油

图6-30　安装龙骨板、椽子

图6-31　钉木板条

图6-32　钉木板条完工

2）灰线抹灰

（1）抹混合灰：

①抹灰前拌制麻刀灰，其比例为100kg灰膏掺入1.5kg麻刀。麻刀灰和好后苫盖闷三天备用。抹灰时拌制水泥、麻刀灰、砂子组成的混合灰，比例为1∶3∶0.3。

②从灰线骨架上端开始，按不同灰线线形，从上到下依次抹厚度为8～10mm的混合灰作为底子灰。底子灰抹后待稍有强度，用灰线抹子刮抹成型。灰线凹凸部

图6-33 抹砂灰完成

图6-34 抹混合灰完成

图6-35 抹石膏灰

图6-36 修补成型

位用灰线抹子及臂力尺反复刮抹，保证抹灰均匀顺直。初步形成灰线雏形，毛面交活。

（2）抹砂灰：

和制砂灰，灰膏与细砂的比例为1∶2。为防止透底，在底子灰上刮抹砂灰。从上端第一道灰线开始，依次刮抹砂灰，厚度为2～3mm。待稍有强度，用灰线抹子刮抹成型。灰线凹凸部位用灰线抹子及臂力尺反复刮抹，保证抹灰均匀顺直，如图6-33所示。

（3）抹混合灰：

在砂灰面层上量尺，弹画灰线外形线。在抹灰层表面刷水、湿润。将靠尺刷水、湿润。在第一道灰线的上、下边粘靠尺作为撸灰滑道，在砂灰面层上抹混合灰，厚度为3～5mm。待稍有强度用灰线抹子沿滑道反复刮抹成型。填补缺灰部位。下面各道灰线的做法与第一道灰线完全相同。用臂力尺对凹凸部位表面进行找平，保证抹灰均匀顺直。阴角部位要使用刮杆、攒角尺等进行攒角，并与两端灰线衔接顺平，如图6-34所示。

（4）抹石膏灰：

按照石膏和灰膏为1∶1的比例和制石膏灰。在混合灰表面刷水湿润。从上端第一道灰线开始，按操作需要粘贴靠尺作撸灰滑道。在喂马上摊石膏灰，随后用喂马将石膏灰刮抹在灰线表面（俗称"喂灰"）。在灰线凹凸部位用灰线抹子沿撸灰滑道反复刮抹成型，用臂力尺沿垂直灰线方向反复刮抹，保证抹灰均匀顺直，厚度为2～3mm。有缺陷的棱角要进行修补。阴角部位要使用刮杆、攒角尺等单独进行攒角，并与两端灰线衔接顺平。之后下面各道灰线的做法与第一道灰线相同，如图6-35、图6-36所示。

3）齿饰、涡形花饰阳模制作

（1）齿饰模具制作：

量取灰线齿饰外形尺寸，长110mm、宽110mm、高110mm。用15～20mm厚的木板制作齿饰模具，检查模具方正。

（2）涡形花饰模具制作：

做模：量取涡形花饰外形尺寸，长310mm、宽160mm、上端高150mm、下端高80mm。按照灰线外形尺寸在三层板上画出花饰侧面形状尺寸线，顺线截取花饰侧模板外形。

拓模及模板制作：将涡形花饰侧模板附在15～20mm厚的木板上，顺模板外边缘用铅笔画线，顺线截取其形状。拼装成型涡形花饰模具，如图6-37所示。

（3）模具固定：

按照齿饰、涡形花饰模具外形尺寸，在截面为20mm×40mm的长木条上量画出榫口位置。按照画线截取齿饰模具及涡形花饰模具固定拉杆。用拉杆固定齿饰模具及涡形花饰模具，并检查方正，用木楔将拉杆榫口背紧，如图6-38、图6-39所示。

（4）涡形花饰阳模混合灰浇筑：

按照水泥：砂子：灰膏为1∶0.3∶3的比例和制混合灰。模具内侧刷水洇湿，稳安装孔预埋件，分层浇筑混合灰。用木棒振捣密实，每层灰中间加铁丝及洇好的麻，保证花饰的整体性，如图6-40～图6-42所示。

（5）涡形花饰阳模表面堆作花纹：

①按照照片在硬纸上描画装饰花纹，再进行雕刻，如图6-43所示。

②将雕刻好的花形附在涡形花饰的正表面，取中、摆正固定好。用铅笔沿花形的内外边缘描画，画好后取下花形，如图6-44所示。

③按照水泥、砂子为2∶1的比例和制堆花砂浆，而砂子、水泥需过筛。

④在花饰正表面围合线内用筷子笔刷素水泥浆一道。用2∶1的水泥砂浆从花饰花形上端开始，沿花形画线内侧进行堆粘，直到整体花形堆完，保证花形感观立体，如图6-45～图6-47所示。

图6-37　涡形花饰模具成型

图6-38　齿饰模具固定

图6-39　涡形花饰模具固定

图6-40　浇筑混合灰

图6-41　修补

图6-42　成型

图6-43　雕刻

图6-44　附贴

图6-45 刷素水泥浆

图6-46 修补

图6-47 堆粘成型

图6-48 堆灰

图6-49 成型

图6-50 描画

图6-51 描画

图6-52 涡形花饰阳模成型

图6-53 弹线

⑤将涡形花饰侧面花形拓在三层板上。用2：1水泥砂浆沿花形画线内侧进行堆粘，成型后浇水养护，如图6-48、图6-49所示。

将养护好的花饰放在硬纸片上，用铅笔描画出轮廓线。沿轮廓线裁剪，将剪好的花饰纸片附在涡形花饰阳模侧面并沿轮廓描画。然后将预制好的花饰用素水泥浆粘在确定好的位置并进行修整。最后将预制安装孔的埋件抽出，如图6-50～图6-52所示。

4）涡形花饰阴模制作

（1）涡形花饰表面粘贴隔离膜：

在涡形花饰表面从花饰部位开始粘贴透明胶条。将每个部位粘贴严密，不漏粘。

（2）弹底模十字交叉线：

按照底模长宽尺寸，弹出底模中心点十字交叉线及阴模制作控制线，如图6-53所示。

（3）放置：

量出涡形花饰阳模中点并标注，将标注好的中点对准底模上弹好的十字交叉线中点放置，摆正。

（4）和灰：

按照水泥、细砂为1：2的比例和制水泥砂浆。

（5）堆灰：

①在涡形花饰阳模表面分段刷肥皂水，用毛刷将薄膜贴附在阳模表面。先贴四周侧面，最后贴正面。

②按照分段、分块、分层堆灰，厚度35mm，砂浆抹压密实，与阳模贴靠严密。为便于脱模，分块要合理。活模间用硬纸片隔开。每块活模中要均匀放置3根22号镀锌钢丝，作为肋筋。每块活模中放置18号铁丝做成的提手，在提手上缠绕布条，同时用胶带封好或用石膏封严。在每块活模表面按顺序编号，便于后期拼装组合，如图6-54、图6-55所示。

（6）阴模底托制作：

在涡形花饰阴模表面依次粘一层薄膜、一层布、一层薄膜。用石膏灰包裹提手，再苫盖一层塑料膜，如图6-57所示。

套木模板：分层浇筑C15混凝土，加16号镀锌钢丝作为肋筋，并振捣密实。在模板周围钉钉子，保证脱模时的整体性，如图6-58所示。

封盖板：用木板封严，浇水养护3天，如图6-59所示。

（7）脱模：

阴模底托混凝土强度达到要求时，用麻绳将模板外壳捆绑牢固。用皮榔头垫木块敲击模板外壳。将模板外壳翻转，使盖板朝下，将麻绳解开。再用皮榔头垫木块敲打模板外壳，将阴模底托移开，完成脱模，如图6-60所示。

揭去活模表面苫盖的隔离层，撤掉活模提手上的布条，将活模底托清理干净，内刷机油，如图6-61、图6-62所示。

5）齿饰、涡形花饰制作

（1）和灰：

按照水泥、麻刀灰、细砂为1：3：0.3的比例和制混合灰。搅拌均匀，用铁棍将灰搐熟后备用。

（2）齿饰制作：

将模具固定好后，洒水湿润，用和好的混合灰分层进行浇筑。用木棒震捣密实，每层灰中间加铁丝及洇好的麻，保证整体性。浇筑完成后，插入铁钎，确定挂设孔位置。养护3天后拆模，拔出铁钎。调制水腻子。对齿饰表面满刮腻子，修整打磨，如图6-63～图6-64所示。

（3）涡形花饰翻模制作：

图6-54 堆灰

图6-55 分段堆灰

图6-56 堆灰完成

图6-57 盖塑料布

图6-58 振捣

图6-59 用镀锌钢丝捆牢

将每块活模取下，表面刷机油，按顺序放回活模底托内，用蜡填补活模的缝隙、孔洞。将干硬性混合灰分层装入活模内，用木棍振捣密实。在每层灰中间横竖加麻，再用木棒将混合灰振捣密实。放置安装孔预埋件，确定安装孔位置。插入铁钎，确定挂设孔位置。表面刮平、搓毛。拔出铁钎后封上盖板，用绳子将模板外壳捆牢，翻转模板外壳使盖板朝下，用皮榔头垫木板敲打模板外壳，将活模底托移开。按顺序取下活模，放回底托，露出制作好的花饰。修补花饰缺损部位后养护，如图6-65~图6-67所示。

封上盖板，用绳子将模板外壳捆牢，翻转模板外壳使盖板朝下，用皮榔头垫木板敲打模板外壳，将活模底托移开，如图6-68、图6-69所示。

按顺序取下活模，放回底托，露出制作好的花饰。修补花饰缺损部位后养护，如图6-70所示。

6）齿饰、涡形花饰安装

（1）和石膏胶灰：

按照108胶与石膏的体积比为1:0.8的比例和制石膏胶灰。

（2）花饰安装：

①齿饰花饰

量出齿饰安装位置，用墨斗弹齿饰安装控制线。将固定螺钉放入灰线预留孔中。在齿饰安装面抹石膏胶灰。将抹灰面对准安装位置，摆好调正。用皮榔头敲打，保证缝隙严密贴牢。将螺钉拧紧，预留孔用灰封堵。封堵安装缝隙，多余灰刮掉、抹平，如图6-71、图6-72所示。

图6-60　脱模完成

图6-61　撤掉布条

图6-62　刷机油

图6-63　加麻

图6-64　浇筑

图6-65　顺序摆放

图6-66　放预埋件

图6-67　插入铁钎

图6-68　封盖板

图6-69 扣出活模

图6-70 修补成型

图6-71 量尺

图6-72 齿饰灰线安装完成

图6-73 量尺

图6-74 涡形花饰安装完成

　　②涡形花饰安装

　　量出涡形花饰安装位置，在涡形花饰表面画安装控制线。在涡形花饰和相应的灰线安装面刷水湿润。在涡形花饰安装面抹石膏胶灰。将抹灰面对准安装位置，摆好调正。用皮榔头敲打，保证缝隙严密贴牢。将螺钉拧紧，螺钉孔用灰封堵。封堵安装缝隙，多余灰刮掉、抹平，如图6-73、图6-74所示。

　　7）灰线打磨、刷浆

　　（1）灰线打磨：

　　用砂纸从上到下、从左到右进行细致打磨。将灰线表面打磨平整光滑。用软毛刷将灰线表面残留灰屑清除干净，如图6-75所示。

　　（2）材料准备：

　　①将大白粉块用榔头打碎，放到容器内用水浸泡，水超过大白粉即可。

　　②将蓝色颜料用开水沏开待用。

　　③将固体状火碱用开水溶化成液体待用，如图6-76所示。

　　④将面粉用温水调成面浆待用。

　　（3）调配刷墙浆：

　　在面浆中倒入火碱溶液，随倒入随用木棒搅拌，形成面胶。待面胶发黄成膏状时，再用温水将面胶溶解开。然后将过筛后的大白浆倒入，加适量沏开后的蓝色颜料，用木棒顺同一个方向搅拌，直至各种配料完全溶合，稠度适宜为止。过筛后备用，如图6-77、图6-78所示。

　　（4）试浆：

　　在灰线侧面刷刷墙浆，如掉粉，则在刷墙浆内添加面胶，如图6-79所示。

　　（5）刷浆：

　　按照从上到下、从左到右的顺序刷浆，检查无误后整体交活，如图6-80所示。

图6-75　打磨

图6-76　火碱

图6-77　加大白浆

图6-78　加蓝色颜料

图6-79　试浆

图6-80　成活

6.2.1.3 室外灰线施工工艺

1. 施工前准备

主要工具：

各种线型抹子、梳子、铁皮尺、水壶、麻绳、盒尺、画笔、各种刷子、灰槽、榔头、阴角、阳角、刨子、小刀、剪子、塞尺、锯、刨刃、铁棍、木抹子、铁抹子、托线板、线坠、小线。

主要材料：

水泥、砂子、石灰膏、油麻、隔离膜、麻刀、钉子、镀锌钢丝、木板、红砖。

2. 操作程序及要求

1）制作灰线阳模

（1）和混合灰（俗称洋麻刀灰）：

按照水泥、石灰膏、砂子的重量比为1∶3∶0.3的比例和混合灰膏，再掺入适量麻刀，比例为每立方米灰膏1.5kg，用铁棍把灰打熟。

（2）灰线底模制作：

在薄木板上弹画灰线底模线。首先在距薄木板长边10mm处弹出与长边平行的一条直线，在直线上分别量取3个半圆连拱灰线的圆心，再分别以3个圆心为圆点，用画规画出半圆拱券内圆半径936mm及外圆半径1 036mm2个同心半圆弧，同时形成3个半圆弧相交的三连拱。再按照画线截取3个半圆弧，然后用钉子钉在木板上，作为灰线底模，如图6-81、图6-82所示。

（3）底模上钉钉子缠麻：

在底模上按米字形状间隔钉32mm长钉子，在钉子上缠绕用水洇湿的油麻，并相互拉接、形成网格，如图6-83、图6-84所示。

（4）堆灰：

在缠好的油麻钉子间隙填充和好的混合灰堆糙，堆灰高度与钉子帽相平（需留槎时，必须要留坡槎，并用油麻缠在钉子帽上，然后将钉子插入灰线坡槎内，便于后续施工的衔接）。

再用油麻将堆灰表面钉子帽相互拉接，用素水泥浆将拉接后的油麻通刷一遍，保证与灰粘接牢固。按照羊角螺旋线造型堆糙。再次用缠绕油麻的钉子插在已堆糙的灰线上，按照前面相同的做法进行堆灰，直至达到灰线设计高度为止。对堆成雏形的灰线，用灰线抹子反复刮抹，初步形成线条，如图6-85～图6-87所示。

（5）灰线修整：

待混合灰不沾手时，按照花饰式样，用刀子、线形抹子进行修整成型，如图6-88、图6-89所示。

（6）刷机油：

在养护成型的灰线上刷机油，作为阳模面层保护剂。

（7）分段切割灰线：

为便于灰线翻模制作，将阳模灰线模型分段切割。

2）制作灰线阴模（俗称活模）

（1）测量每段灰线外形尺寸：

将截成段的灰线放在平整的地面上，用小线贴在灰线的周边相交成直角，顺小线量出灰线长度、宽度，并将长、宽的中点标注在灰线上。

（2）弹底模中心十字交叉线：

在底模表面上，用墨斗弹出中心十字交叉线。

图6-81　画线

图6-82　裁剪

图6-83　钉钉子

图6-84　缠麻完成

图6-85　堆灰

图6-86　缠麻

图6-87　螺旋线造型堆灰

图6-88　灰线修整

图6-89　成型

（3）弹阴模边框线：

将灰线段的中点对准底模上的十字交叉线中点，摆放、调正。按照灰线外形、尺寸弹阴模边框线，如图6-90所示。

（4）刷脱模剂、钉钉子：

在灰线阳模上刷肥皂水，覆盖塑料薄膜（传统工艺中常将黄油作为脱模剂）。在灰线阳模上钉钉子，以钉帽的高度作为阴模厚度，之后按线摆放阴模边框，如图6-91、图6-92所示。

（5）堆水泥砂浆、安提手：

用1：3细砂水泥砂浆，在灰线段上堆灰，厚度与钉帽持平。为便于后期脱模，按照灰线大致形状用硬纸片将水泥砂浆分隔成若干块，同时在每个分隔块内加入镀锌钢丝做肋筋。在每块阴模上安装用镀锌钢丝制作提手，在提手上缠布条。整体压光，如图6-93所示。

（6）养护：

用湿布将灰线阴模苫盖，浇水养护3～5天。

（7）制作阴模（活模）底托：

在阴模上覆盖塑料薄膜隔离层，再套阴模底托模板，用C15细石混凝土分层浇筑、振捣密实，其间加12号镀锌钢丝作为肋筋，如图6-94、图6-95所示。

（8）阴模（活模）底托封板养护：

将底托用木板按顺序封严，模板周围钉长钉子，保证脱模时的整体性，养护7天，如图6-96所示。

（9）脱模：

当混凝土强度达到要求时进行脱模，将模板外壳用麻绳捆绑牢固后，翻转模板外壳使盖板朝下，用皮榔头垫木块敲打模板外壳，促使内部阴模松动，阴模完全脱离混凝土底托后，将麻绳解开，将模板底托整体移开，完成脱模。

揭去阴模表面苫盖的隔离层，在每块阴模上进行排序编号。再解掉提手上缠的布条，将阴模（活模）底托清理干净，涂刷机油，如图6-97所示。

图6-90 弹边框线

图6-91 盖塑料膜

图6-92 钉边框

图6-93 堆灰完成

图6-94 套边框

图6-95 浇筑完成

3）灰线制作

将每块阴模按顺序摆放回阴模底托内，对每块阴模之间拼接不严处，用蜡进行修补，然后在表面刷机油，如图6-98所示。

将搅拌好的干硬性混合灰分层装入阴模内，在每层灰中间横竖加麻，用木棒将混合灰捣密实，表面刮平、搓毛。封上盖板，用绳子将模板外壳捆牢倒扣，用皮榔头垫木板敲打模板外壳，将阴模与底托完全分离，将底托移开，取下每块阴模，露出制作好的灰线，将灰线表面多余的灰刮掉，进行修整、养护，如图6-99～图6-102所示。

4）灰线安装

主要工具：

托灰板、木抹子、铁抹子、各种灰线抹子、铁皮尺、画笔、刷子、水壶、榔头、灰槽、铁卡子、靠尺、镀锌钢丝、手钻、小线、盒尺、铁件。

主要材料：

水泥、砂子、石灰膏、油麻。

（1）抹混水墙面：

墙面清整、浇水湿润。靠吊垂直度、套方、拉通线、粘贴靠尺，贴饼、冲筋。在冲筋之间抹1：3水泥砂浆底灰，用划规切圆，将圆内多余灰清除掉。贴靠尺，在底灰面层上刮素水泥浆一道，再抹第二遍水泥砂浆面层，用杠刮平，用木抹子搓平、压实，再用划规二次切圆，将圆内多余灰清除掉。用毛刷将水甩在第二次切圆的阴角处，然后用铁皮尺填抹砂浆，用阴角抹子将灰线阴角抹成圆角。墙面用铁抹子压光，完成后一次交活，如图6-103～图6-105所示。

（2）灰线安装处墙面处理：

沿墙面抹灰切圆的外边，贴靠灰线底模，用画笔沿灰线底模画出灰线准确位置。用角磨机将灰线与墙面粘贴处磨成毛面。

①安装灰线：在分段灰线上钻安装孔，然后将灰线钻孔位置返在墙面上，钻墙体安装孔，浇水湿润后，刷素水泥浆。在分段灰线底部浇水，刮素水泥浆后与墙体粘贴，再用缠麻

图6-96 封板

图6-97 编号

图6-98 阴模组装完成

图6-99 加麻

图6-100 扣出活模

图6-101 移开阴模

图6-102　灰线修整

图6-103　冲筋

图6-104　切圆

图6-105　抹灰完成

图6-106　刷素灰浆

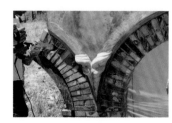

图6-107　灰线安装

图6-108　灰线安装完成

图6-109　灰线完成

的铁件将灰线与墙体钉牢。铁件凹进灰线表面3~5mm，用混合灰封堵安装孔。将预制完成的灰线，按顺序分段安装，安装方法同上，如图6-106、图6-107所示。

②修整灰线：先用素水泥浆将接缝灌严。再用混合灰对接缝、磕碰及钻孔等部位进行填抹，用铁皮尺、尖嘴压子、灰线抹子等进行修整，如图6-108所示。

③刷灰浆：安装修整后的灰线，刷水泥灰浆两道，交活，如图6-109所示。

6.2.2　花饰施工工艺

花饰是工艺品，但又必须和建筑物本身和为一体，并且成为建筑物一部分安装在建筑物某一高度和部位上。由于花饰的预制往往是与房屋结构施工同时进行的，为保证花饰其形式和各部分比例尺寸的协调一致，需要先做出一个假结构。其制作要求与真结构的形状、比例完全相同，其长短、大小、尺寸可按花饰的尺寸灵活确定，一般以能衬托出花饰所具有的背景为目的。

假结构可用木材作骨架和底衬，在其表面抹灰，一般使用石灰砂浆或水泥纸筋砂浆作为底层和中层，用纸筋灰罩面。假结构一次用完后稍加修整，就可以重复轮换使用。

本工艺以科林斯柱头翻为示例，展示历史风貌建筑花饰制作基本流程。

1. 施工前准备

2. 施工工艺及要求

1）砌柱身、柱头主体

（1）量尺放线：

选择一块平整地面，将柱头下部的柱身外围尺寸返在地面上。在地面上量尺，弹墨线控制线。确定圆心，用划规画出柱身外围尺寸线示。

（2）按线摆砖砌筑：

在线内摆砖摆底，再在两侧立皮数杆。挂柱身中垂线后，用砂浆砌筑柱身，如图6-110所示。

（3）抹灰：

抹水泥砂浆底子灰，厚度为5～8mm，水泥与砂子的比例为1：2.5，并用木抹子搓平。然后将柱身上部圆形靠尺压在柱顶表面，摆正、稳好。用担子板确定垂直度。无误后抹贴饼灰，厚度3～5mm，再用担子板对灰饼与模进行校对，在厚度一致后顺饼冲筋。最后填抹筋与筋之间的砂浆。用木抹子及木杠刮抹圆顺。在柱身上部，按照设计尺寸砌筑柱头主体并抹灰，用杠刮圆顺，如图6-111、图6-112所示。

2）柱头装饰制作安装

（1）弹线：

将柱头圆柱顶面四等分。分别将四等分十字交叉线与圆周相交点用直角尺及担子板返在柱头底端。上下两点连接弹墨线。再用盒尺对四等分间距进行复核。

（2）卷叶底托胎具制作：

按照柱头实际尺寸制作装饰胎具。胎具尺寸为上圆直径720mm、下圆直径660mm、高900mm。按照胎具尺寸画线截取支撑龙骨，组装骨架、钉板条，装订上下圆顶板。用线坠

图6-110　砌筑

图6-111　刮圆

图6-112　柱头主体砌筑完成

找中，再用盒尺复核相关尺寸。确定无误后外包塑料薄膜封严，用胶合板压条将薄膜固定，将中线弹在胶合板压条上，如图6-113、图6-114所示。

（3）装饰卷叶花拓模：

对照照片按装饰卷叶的实际尺寸在图纸上绘制柱头装饰外形。在人造革表面附上复写纸，再将画好的图纸铺在上面，用圆珠笔顺花形进行描画。完成后将图纸及复写纸取下，完整的花形图案拓在人造革上。再用剪刀顺着花形画线外边进行裁剪，得到一个完整的人造革花形图案。可以用同样方法进行其他花饰拓模制作，如图6-115、图6-116所示。

（4）装饰卷叶花饰阳模模板及工具制作：

按照卷叶花饰外形尺寸，在长方形木板上量画出花饰外形阳模制作外圈边线。按照花饰厚度，刮梯形木条。在确定花形底边后，用梯形木条顺画线外侧进行圈钉，形成围合的矩形。按照卷叶部位尺寸，制作两段椭圆形木轴，准备做卷叶时使用，如图6-117所示。

（5）装饰卷叶花饰阳模制作：

将塑料布蘸水湿润平铺在模板上，再将混合灰分层摊抹在塑料布上。灰层摊抹厚度二分之一时，均匀的加放22号镀锌钢丝及麻。用木刮杆沿梯形木条刮抹混合灰，使抹灰面与木条高度齐平。用铁抹子将灰表面抹压平整。当抹灰面强度达到要求时，将裁好的人造革装饰花形，附在抹灰表面上，如图6-118所示。

用锥子沿花饰画线进行锥扎，保证花形完整。用铁皮尺沿花饰外边将多余的抹灰清除掉，并对外边缘进行修整。锥扎修边完成后将人造革花饰撤掉。再用勺子按照花形形状，将每个花瓣上多余的灰挖掉，挖面抹平，如图6-119、图6-120所示。

在卷叶花饰下部成型后，再制作卷叶尖部花饰。将人造革模具附在成型的平面花饰上。在椭圆形木轴上分别缠包塑料布。然后放在卷叶卷起的位置上，背后垫木条支撑。用手将卷叶尖部轻轻卷起附在椭圆形木轴上。将缺灰部分补齐。再将人造革模具尖部附在灰面上，把外边修补整齐。在抹灰面强度达到要求时，用锥子沿花饰画线进行锥扎。用溜子沿扎线逐条反复溜压，形成卷叶花饰条纹。再用小刀、铁皮尺、勺等工具沿花饰条纹进行刮挖，形成花瓣雏形。保证挖面平整、光滑、圆润，之后将操作面清理干净。卷叶花饰阳模整体制作完成

图6-113　钉塑料薄膜

图6-114　制作完成

图6-115　绘制

图6-116　描画

图6-117　量尺

图6-118　加筋

图6-119　锥扎

图6-120　局部花形成型

图6-121　放椭圆形卷轴

图6-122　花形修整完成

图6-123　卷叶花饰成型

图6-124　第一层分段堆灰

后，浇水养护24小时后拆模，如图6-121～图6-123所示。

（6）卷叶花饰下部阴模制作：

在矩形木板上按照卷叶阳模花饰外形尺寸，画出卷叶在木板上的平面摆放位置线及阴模制作圈边尺寸线。然后将卷叶花饰阳模下部放在尺寸线范围内，摆正、放好。用纸片按照花饰凹凸变化围圈在卷叶阳模的外边缘，随后用1：1的水泥砂浆进行固定。在卷叶阳模花饰外边，用1：1水泥砂浆分段、分块制作阴模。制作过程中，要用木条围挡，阴模之间用纸片进行隔离，防止粘连，便于后期脱模。同时在每块砂浆中间加入横竖分布均匀的22号镀锌钢丝，表面安装18号镀锌钢丝制作的提手，在提手上缠布条，布条要缠成锥形下边大、上边小，在布条外面包一层塑料胶带。然后撤掉圈边木条，修整外边缘。在阳模表面刷肥皂水，铺设塑料薄膜。用同样方法制作第二层阴模。整体阴模制作完成后，进行24小时养护，如图6-124～图6-126所示。

（7）阴模底托模板制作：

首先制作阴模底托外框。根据整体阴模外形尺寸，用30～40mm厚木板裁料、加工、成型阴模底托外框。检查底托外框方正。并在底托外框两侧安装抬手。外框成型后在周边向内侧钉钉子，间距在100～150mm。在整体阴模表面分三层进行苫盖，第一层苫盖较薄的塑料膜，在薄膜上挖露出提手。第二层苫盖棉布，在棉布上挖露出提手。第三层苫盖较厚的塑料膜，在塑料膜上挖露出提手，之后在提手上包塑料膜。然后再将制作好的外框，套在苫盖好的阴模周围，摆正放好。在外框与阴模之间放置横竖分布均匀的用18号镀锌钢丝制成的套筋，浇筑C15混凝土。在阴模上摆放横竖分布均匀的用18号镀锌钢丝制成的分布筋，浇筑C15混凝土，与外框齐平，边浇筑边混凝土振捣密实。整体浇筑完成后，面层用抹子抹平整。然后封盖板，用钉子及铁丝将盖板钉严、捆绑牢固。养护24小时后整体翻转180°，撤掉原矩形木板，再浇水养护两天，如图6-127～图6-131所示。

（8）阴模脱模：

盖上原矩形木板，用麻绳捆绑牢固，稍加振动。抬起翻转180°放稳后，将麻绳解开，用皮榔头垫木条，对底托周围进行敲打。阴模全部松动后，将阴模底托垂直抬起，露出全部

图6-125　第二层堆灰

图6-126　阴模制作完成

图6-127　盖塑料薄膜

图6-128　提手缠布条

图6-129　放置外框

图6-130　浇筑完成

图6-131　移开底板、养护

图6-132　扣出阴模

图6-133　阴模组装完成

阴模后，将阴模底托移开，脱模完成，如图6-132所示。

（9）阴模清整养护：

将阴模底托内清理干净，满刷机油。每块阴模刷机油后，按照顺序放回到阴模底托内，之后再向阴模底托内倒满机油进行养护，如图6-133所示。

（10）卷叶底托制作：

在底托胎具上铺设隔板。按照卷叶下部外形尺寸300mm×300mm×16mm量尺弹线，钉卷叶底托分隔条，均匀分成4块。在分格条之间抹混合灰，横竖加麻、铁丝，并固定预埋件。抹灰面与分隔条齐平，用刮杆刮抹平整。用同样方法制作其余3块。然后修整底托外边缘，拆除分隔条，并修整分隔条边缘。养护两天后振动拆模，露出预埋件，码放整齐，如图6-134所示。

（11）卷叶下半部水刷石翻模制作：

调制配比灰：将普通水泥过筛，然后与白水泥按照10∶2的比例调制成配比灰。用笤帚将配比灰反复搅拌均匀，过筛，装袋备用。

调配石子：白石子与黑石子的比例为22∶1。调配均匀后装袋备用。

和水泥石子灰：按照配比灰与调配石子为1∶1.25的比例和水泥石子灰，如图6-135所示。

在阴模表面刷一遍脱模剂（肥皂水）。再用素灰将阴模之间缝隙进行封堵，防止石子掉落缝内卡模，影响脱模。缝隙堵好后，在阴模表面均匀的撒一层石子，再将水泥石子灰均匀撒落到阴模内，用皮榔头及木棒进行振捣密实。然后在灰层中间放置横竖均匀的镀锌钢丝及麻，同时预留好后期制作的卷叶部分镀锌钢丝及麻。再将拌制好的混合灰放入，用铁抹子拍压及木杠刮抹平整。然后用直尺及改锥在抹灰面表面横竖均匀的划出田字格，便于脱模时弯曲的卷叶能够与底托很好的结合，如图6-136～图6-138所示。

　　套上卷叶底托控制模板。在卷叶底托凸面上均匀刮抹一层素水泥灰，底托带灰面向下，放在底托控制模板范围内。将底托两端翘起部位用事先刮好的木条垫平。检查平整无误后、封上盖板，用麻绳将整体模具捆绑牢固，如图6-139、图6-140所示。

　　将捆绑牢固后的整体模具将其垂直抬起。在空中翻转180°后，再垂直放在平整的地面上，放稳后将麻绳解开、撤掉。用皮榔头垫木块在底托周围进行敲打，使阴模完全脱离底托后，再由两个人将底托轻轻地垂直抬起。阴模整体露出后，将阴模底托从侧向移开，如图6-141所示。

　　从上部开始将每块阴模轻轻地拿起，防止碰坏卷叶部分，放回阴模底托内。拿到最后一层圈边阴模时，先用木条分别靠在圈边阴模的外侧，用皮榔头轻轻地敲打木条，对翻模后卷叶的外边缘进行规整。然后再将圈边阴模拿走，撤掉底托控制模板，露出完整卷叶部分，如图6-142所示。

　　在卷叶左右两侧下面垫的木条上面轻轻地插入白铅铁支架，然后将木条推拉活动后轻轻地抽出。随后再将白铅铁支架缓慢抽出，这时使翻模后的卷叶缓慢的弯曲变形附着在底托上。再用圈边阴模对翻模后的卷叶四边进行规整。对翻模后的卷叶表面按照花形纹路，用铁皮尺、毛刷、筷子笔、勺等进行修整。使卷叶花形纹路清晰、表面石子均匀、抹面光滑、无裂纹、边角完整，如图6-143所示。

图6-134　抹混合灰

图6-135　倒入配比石子

图6-136　填灰

图6-137　加麻

图6-138　抹平

图6-139　放置卷叶底托

图6-140　封盖板

图6-141　扣出阴模

图6-142　卷叶修整

养护后，用手指按抹灰表面直到无指纹时用毛刷蘸水，顺卷叶纹路一个方向将卷叶表面水泥浆刷掉，露出石子。将卷叶竖起斜放在容器内，用喷雾器进行喷浇水。在喷浇水时要倾斜30°，不能使喷雾器直对卷叶表面喷水。这样既保证石子均匀露出，又防止水压过大将卷叶表面石子冲掉、冲坏。冲完后用水壶迅速再浇一遍水，将表面浮浆冲掉。随浇水随用毛刷将表面及底边水蘸干即可交活，如图6-144~图6-146所示。

（12）卷叶上半部制作及与下半部连接：

将养护好的卷叶下半部放在工作台上，并将预留的镀锌钢丝及麻整理好。把人造革拓模铺放在卷叶下半部表面并固定，如图6-147所示。

将制作好的椭圆形木轴放在卷叶弯曲处，下面用木条进行临时垫靠。将人造革拓模上半部卷起附在木轴表面，在卷起位置准确后将拓模进行固定，如图6-148、图6-149所示。

撤掉临时垫靠的木条，用石膏灰固定木轴之后再用锥子临时固定拓模。

将预留的镀锌钢丝顺人造革拓模捋上来附在拓模表面，同时用混合灰进行固定。然后在拓模表面整体摊抹混合灰，用靠尺检查抹灰厚度。再将预留的麻附在混合灰上，横向再加麻，用混合灰将表面抹平整，如图6-150、图6-151所示。

按照配比灰与调配石子为1：1.25的比例和石子灰。

在混合灰表面抹石子灰。用刮杆对抹灰面进行刮抹，控制抹灰的厚度。凸的部分刮掉、凹的部分用灰补齐，同时用压子将面层抹平。为提高强度防止溜灰，要在抹灰层表面用水泥进行沏强，水泥要从筛子漏下，保证沏灰均匀，沏后则用木片将沏灰刮掉。在施工时根据强

图6-143　卷叶花饰脱模完成

图6-144　竖起斜放

图6-145　毛刷蘸干

图6-146　卷叶下部完成

图6-147　铺人造革

图6-148　人造革卷在木轴上

图6-149　固定

图6-150　抹混合灰

图6-151　表面平整

度要求可进行多次水泥沏强，如图6-152、图6-153所示。

将卷叶上半部拓模附在抹灰表面，按照拓模外边形状对卷叶边缘进行修补。然后再按照拓模上卷叶花形，用锥子顺纹路进行锥扎，使卷叶花形纹路拓在抹灰层表面，不能有漏扎，如图6-154所示。

撤掉卷叶拓模，用铁皮尺对花形纹路进行修整。对抹灰面较干的部位用筷子笔、油刷等蘸水进行刷抹后，再用铁皮尺进行修整，如图6-155所示。

对修整后的表面用水泥过筛进行沏强。沏灰时水泥要从筛子漏下，保证沏灰均匀。沏后用木片将沏灰刮掉，再用铁皮尺进行修整，达到卷叶花形纹路清晰、表面石子均匀、光滑、无裂纹、边角完整的状态为好。

养护后用手指按表面无指纹时，用油刷蘸水顺纹路一个方向将表面水泥浆刷掉，直至露出石子。再将卷叶放在容器内呈30°角架好。用喷雾器对卷叶表面进行旋转喷浇水，使石子完全露出。然后用水壶迅速浇水，将表面浮浆冲掉。最后用毛刷将表面及底边水蘸干即可交活，如图6-156、图6-157所示。

待卷叶强度达到要求时，拆除木轴及拓模，卷叶整体制作完成，如图6-158、图6-159所示。

（13）柱盆抹底子灰：

首先用水平尺对柱盆顶面进行十字交叉，两个方向抄平，确定柱顶表面水平。

周圈用灰线抹子确定柱盆下端贴靠尺位置。然后将三层板做成的靠尺围贴在柱盆下端，用铁丝临时固定。用水平管对靠尺水平度进行检测。

在柱盆周圈抹1:2水泥砂浆，随抹砂浆随用灰线抹子，顺抹灰面进行刮抹。刮抹出灰线形状后，再用木抹子将抹灰面搓成毛面。成活后将靠尺拆掉，再用毛刷蘸水将接茬处刷抹光滑，如图6-160、图6-161所示。

（14）放卷叶安装线：

首先在柱盆边缘确定一点，并将这一点用线坠返在柱头底端腰线处。以该点为起点将柱头外围均匀四等分。同时将各点用线坠分别返在柱头下端腰线位置及柱盆下端位置。用墨斗弹各竖向点位线，并对弹线后的四等分进行复核。在竖线上量出卷叶高度，用三层板画出卷

图6-152 抹石子灰

图6-153 抹石子灰完成

图6-154 锥扎

图6-155 花饰纹路修补

图6-156 冲刷

图6-157 毛刷蘸干

图6-158　拆木轴

图6-159　卷叶制作完成

图6-160　抹灰

图6-161　柱顶盆抹灰完成

图6-162　弹线

图6-163　抹素水泥浆

图6-164　抹石子灰

图6-165　冲刷

图6-166　第一层卷叶摆放完成

叶高度控制线，用水平管对控制线水平度进行复核，如图6-162所示。

（15）柱盆外围抹水刷石：

按照配比灰与调配石子为1：1.25的比例和石子灰。

柱盆下端砌体部分用塑料布进行苫盖保护，防止抹灰及浇水时污染。

在柱盆上端外表面用毛刷蘸水刷一遍，刮素水泥灰一道。

在柱盆底端粘贴靠尺，同时用镀锌钢丝进行固定，用尺复核靠尺水平位置。在柱盆下端刮素水泥灰一道，并用毛刷蘸水将柱盆整体外表面刷抹光滑。

在素灰表面抹石子灰一道，并按照柱盆形状、线脚位置抹平、压光，如图6-163、图6-164所示。

稍事养护后用猪鬃刷蘸水将抹灰面表面水泥浆刷掉，刷到露出石子。用毛刷将水蘸干，用压子对表面进行修整，用口刷将靠尺位置的水泥浆刷干净。

整体检查无误后用喷雾器进行喷浇，然后再用水壶满浇水一遍，最后用毛刷将柱盆底端的水蘸干后交活，如图6-165所示。

（16）首层卷叶安装：

拆除柱盆下端的靠尺，撤掉苫盖在柱头表面的塑料薄膜，并将柱头下端清扫干净。

按照控制线摆放第一层卷叶成品装饰构件，并用铁丝及卡件等工具与柱头进行临时固定，如图6-166所示。

按照水泥比砂子比石灰为1：1：1的比例和混合灰。

检查卷叶临时固定无误后，将卷叶之间的缝隙用木条等进行封堵，然后用塑料薄膜覆盖卷叶，防止污染。灌灰前用水壶整体浇水一遍。混合灰灌注前掺入适量的石膏。要边灌灰边掺加石膏，防止混合灰过早硬结。

将掺石膏的混合灰分层进行灌注，边灌注边用木棒振捣密实。首层灰灌注完后，浇一次水。然后再灌注下层灰，直到整体灌注完成。灌至卷叶顶端收口处将塑料布撤掉，用小压子将顶面灰抹压平整，再用毛刷将表面清扫干净，进行养护，如图6-167、图6-168所示。

（17）大轴阳模及阴模制作：

用硫酸纸附在科林斯柱头大轴表面。用铅笔顺大轴形状进行描画，得到一个完整的大轴描画平面图形，如图6-169所示。

在人造革表面铺复写纸，再将大轴图形附在上面。用铅笔顺描画图形进行复描，将该图形返在人造革表面。将图形及复写纸撤掉。用剪子将人造革图形剪下来，平铺在三层板上，用铅笔描画大轴图形外边线。再用壁纸刀顺画线将该图形取下，并将外边修整、打磨好作为阳模的底模，如图6-170、图6-171所示。

在木板上量画出阴模制作所需底模的外形尺寸及圈边线，再将阳模底模放在上面，如图6-172所示。

将和好的混合灰均匀的摊放在底模上，并在灰中埋入18号镀锌钢丝作为肋筋。按照图形用铁皮尺、勺等工具进行修整加工，使图形更加完美。在操作过程中如果强度达不到要求，可用水泥进行沏强。沏后用木条将沏灰刮掉，再用工具进行修整，达到要求后交活，如图6-173、图6-174所示。

图6-167　振捣压实

图6-168　清理、养护

图6-169　拓画

图6-170　复写纸描画

图6-171　描画轮廓线

图6-172　大轴模板摆放、固定

图6-173　堆灰

图6-174　成型

按照阳模外形尺寸剪纸片，围圈在阳模的外边缘。再按照阳模外边周长及表面积，从一端开始用1：1水泥砂浆分段、分块、分层制作阴模，每块阴模之间要用纸片进行隔离。在每块阴模制作过程中，要用木条围挡，同时在每块砂浆中间加入横竖分布均匀的22号镀锌钢丝。用木棒将砂浆振捣密实。在每块阴模表面安装18号镀锌钢丝制作的提手，阳模表面刷肥皂水，并用塑料薄膜进行隔离防止粘连，便于后期脱模。然后制作二层阴模。整体阴模制作完成后，进行24小时养护，如图6-175、图6-176所示。

在整体阴模表面分三层进行苫盖，第一层苫盖较薄的塑料膜。在薄膜上挖露出提手。第二层苫盖棉布。在棉布上挖露出提手。第三层苫盖较厚的塑料膜。在塑料膜上挖露出提手。在提手上包塑料膜。然后再将制作好的外框，套在苫盖好的阴模周围，摆正放好。在外框与阴模之间放置横竖分布均匀的用18号镀锌钢丝制成的套筋，浇筑C15混凝土。在阴模上摆放横竖分布均匀的用18号镀锌钢丝制成的分布筋，浇筑C15混凝土，与外框齐平，随浇筑随将混凝土振捣密实。整体浇筑完成后，面层用抹子抹平整。然后封盖板，再用钉子及铁丝将盖板钉严、捆绑牢固。24小时后撤掉盖板浇水养护两天，如图6-177所示。

将养护好的阴模底托抬起翻转180°放稳后，将麻绳解开撤掉。用皮榔头垫木条，对底托周围进行敲打。保证阴模全部松动后，再将阴模底托垂直抬起。露出全部阴模后，将阴模底托再水平移开，翻模完成，如图6-178所示。

将阴模底托内清理干净。再将每一块阴模进行清理修整，撤掉布条，按照顺序放回到阴模底托内。阴模底托内倒满机油进行养护，等待使用，如图6-179所示。

（18）大轴侧面水刷石翻模制作：

按照水泥与石子比例为1：1.25的比例和石子灰，按照拌制水泥、麻刀灰与砂子比例为1：3：0.3的比例和混合灰示。

将每块阴模刷机油，放到阴模底托内，如图6-180所示。

用混合灰将阴模之间的缝隙封堵严密，然后在表面刷机油一遍。放上控制模具，在阴模内均匀撒石子一层。然后灌注石子灰，灰厚度为阴模深度的1/2。随灌注随振捣密实，再用水泥过筛进行沴强。最后将控制模板撤掉，如图6-181～图6-183所示。

图6-175 做阴模

图6-176 阴模完成　　　　图6-177 浇筑　　　　图6-178 扣出阴模

图6-179　阴模摆放

图6-180　阴模刷油

图6-181　混合灰封堵

图6-182　撒石子

图6-183　加麻

图6-184　皮榔头振捣

图6-185　放预埋件

图6-186　表面抹平

图6-187　扣出阴模

　　放入镀锌钢丝及麻后，再灌入混合灰。用铁抹子抹压平整后，再用皮榔头振捣密实，如图6-184所示。

　　按照标注的预埋件位置，用锥子进行扎孔确定预埋件位置。按位置放入用18号镀锌钢丝制作的预埋件。为防止预埋件封住，在预埋件上拴布条，如图6-185所示。

　　放上控制模板，用水泥过筛进行再次沏强。沏强后将素灰刮掉。用铁抹子将表面抹压平整，并将表面清整干净，如图6-186所示。

　　封上盖板，用麻绳进行捆绑。将捆绑牢固后的整体模具翻转180°，放在平整的地面上，用皮榔头垫木块在底托周围进行敲打后解开麻绳。两个人将底托轻轻垂直抬起，侧向离开，阴模整体露出，如图6-187所示。

　　从上部开始将每块阴模轻轻地拿起，放回到阴模底托内，期间防止碰坏大轴部分。拿到最后一层圈边阴模时，手要向内推一下，然后从下向外拉出，露出完整大轴，如图6-188所示。

　　对翻模后的大轴表面用铁皮尺、毛刷、筷子笔、勺等进行全面的修整、抹压，使其形状清晰规整。然后用水泥进行反复沏强，使其表面石子均匀、抹面光滑、无裂纹、边角完整。

　　稍事养护，抹灰表面手指按压无指纹时，用油刷蘸水顺纹路一个方向将大轴表面水泥浆刷掉，直至露出石子。再将大轴竖起斜放在容器内，用喷雾器喷浇水。在喷浇水时，喷雾器喷出的水不能直对大轴表面，要倾斜30°转喷，防止水压过大将大轴表面石子冲掉、冲坏，并保证石子全部露出。冲完后还要用水壶迅速浇水一遍，将表面浮浆冲掉。然后用毛巾、毛刷将表面及底边水蘸干即可交活，如图6-189、图6-190所示。

图6-188　翻模成型

图6-189　刷掉表面水泥浆

图6-190　冲刷

图6-191　大轴侧面成型

图6-192　木条支撑

图6-193　混合灰表面抹光滑

图6-194　堆石子灰

图6-195　刷掉表面灰浆

图6-196　冲刷

（19）大轴合成及水刷石制作：

将大轴混合灰面向上，用镀锌铁丝与大轴预埋件进行连接。将大轴的两个混合灰侧面相对，按照图示尺寸中间用木条进行支撑。将两面的镀锌钢丝相互连接固定，如图6-192所示。

在内侧均匀的刮抹一遍素水泥灰。用混合灰进行堆积，堆出大轴的初步式样，直至图示设计要求为止。边堆灰边振捣密实，必要时还要用水泥进行沏强，沏后将素灰刮掉，用油刷蘸水将表面刷抹光滑，如图6-193所示。

在混合灰面层上再刮抹一道素水泥灰。按照形状往上堆水泥石子灰，并用刮杆进行刮抹控制灰的厚度。然后用铁皮尺、油刷等进行修整。必要时进行沏强，沏强后将素灰刮掉，再用铁皮尺进行修整。用油刷、口刷等工具蘸水，将沏灰后的面层水泥浆刷掉，露出石子。检查无误后用喷雾器进行整体喷水，再用水壶浇水一遍。随后用毛巾将大轴表面水蘸干，交活，如图6-194～图6-197所示。

（20）柱头压顶抹底子灰及罩面水泥石子灰：

基层表面刷水洇湿，刮抹素水泥灰一道。将靠尺用水洇湿，按照柱头压顶形状粘贴靠尺，用铁卡子进行固定。抹厚度为3～5mm的1：2.5水泥砂浆底子灰，随抹随用灰线抹子进行反复刮抹，刮抹出压顶灰线的线型来。标定柱顶盘中线，用线坠返装饰件安装线。按照配比灰与调配石子为1：1.25的比例和石子灰。

基层表面刷水洇湿，刮抹素水泥灰一道。将靠尺用水洇湿，按照柱头压顶形状粘贴靠尺，并用铁卡子进行固定。摊抹厚度为5～8mm的石子灰。随抹随用灰线抹子进行反复刮抹，刮抹出压顶灰线的线型来，然后用小压子、铁皮尺等工具进行修整。用喷雾器对石子灰表面进行转喷，再用水壶浇水将面层浮浆冲掉，最后用毛巾、毛刷等将面层水蘸干交活，如图6-198～图6-200所示。

（21）柱身及腰线抹水刷石：

按照柱身形状量取凹槽宽度及深度，截取三合板制作模板。将模板附在木条表面，用笔顺模板外边画线，将凹槽形状画在木条上。按画线用刨子对木条进行刮刨，并用磨具进行打磨，使其表面光滑，形成完整凹槽模具。将柱身外圆周长四等分，弹宽度为60mm、间距为30mm的凹槽模具粘贴线，如图6-201所示。

柱身外表面及凹槽模具粘贴面满刷水一遍。将素水泥灰抹在凹槽模具半圆面上，按照弹线逐根粘贴。将凹槽模具与柱身接触面以外的素灰清除干净。

用毛刷蘸水将抹灰面甩湿。用铁皮尺、小压子等工具在凹槽模具间隙内填抹石子灰，石子灰要填满、压实，厚度与凹槽模具齐平。修整养护后，用猪鬃刷蘸水顺一个方向将石子灰表面的水泥浆刷掉，露出石子。再用喷雾器喷浇一遍，用水壶浇水冲掉表面灰浆。养护后，将凹槽模具取下，用铁皮尺及勺将凹槽内石子灰补齐、修整。按前面步骤冲掉面层灰浆，露出石子，再用毛巾将表面水蘸干交活，如图6-202～图6-206所示。

为防止污染，用塑料布包裹柱身。固定好靠尺，腰线表面刷水一道，刮抹素水泥灰一道，并用油刷蘸水将表面刷抹光滑。抹1∶1.25的水泥石子灰，随用灰线抹子贴在靠尺上进行反复刮抹，刮抹出完美的灰线。用铁皮尺及小压子对表面进行修整，并用水泥进行沏强。

图6-197　大轴花饰成型

图6-198　抹石子灰

图6-199　修整

图6-200　成型

图6-201　凹槽模具成型

图6-202　凹槽模具摆放

图6-203　凹槽模具粘贴

图6-204　填灰

图6-205　冲洗

沏强后用木片将沏灰刮掉，再修整。检查无误后用猪鬃刷及口刷蘸水，一个方向将腰线表面的水泥浮浆刷掉，露出石子。用喷雾器冲掉表面水泥浆，再用水壶浇水一遍，将浮浆全部冲掉。用毛巾将表面的水蘸干。撤掉塑料布交活，如图6-207、图6-208所示。

（22）其他装饰配件制作：

猫脸花、垂花、小花、小柱、小轴等附属配件的翻模制作工具、材料、工艺等与以上几项翻模制作基本相同，如图6-209～图6-213所示。

（23）卷叶配件清洗：

将纯碱倒入容器内，用开水溶解，并用木棒搅拌均匀。纯碱与水的比例为1：15。用油刷将纯碱液体均匀刷在卷叶花饰的表面。稍后，用清水将花饰表面冲洗干净，如图6-214所示。

将草酸倒入容器内，用开水溶解，并用木棒搅拌均匀。草酸与水的比例为1：15。用油刷将草酸液体均匀刷在卷叶花饰的表面。稍后，用清水将花饰表面冲洗干净，如图6-215所示。

（24）各装饰配件组合安装：

量画装饰配件安装线，打眼下预埋件。

大轴安装：按照大轴在柱头的位置，将大轴上预埋好的铁丝调整顺直，穿入事先预留好的安装孔，摆正调好，固定，如图6-216、图6-217所示。

小卷叶花安装：用水将卷叶花背面浇湿，抹素水泥灰。将预留好的铁丝穿入预留孔内，将小卷叶花粘贴在安装位置并固定。用石子灰对小卷叶花周围缝隙进行封堵，用铁皮尺将表

图6-206　完成

图6-207　模具取下

图6-208　水刷石完成

图6-209　拓印

图6-210　制作猫脸花模具

图6-211　猫脸石

图6-212　小柱顶花

图6-213　垂花

图6-214　涂刷碱液

图6-215　涂刷草酸、清洗

图6-216　大轴穿铁丝

图6-217　摆正

图6-218　猫脸花摆正

图6-219　垂花安装

图6-220　垂花摆正

图6-221　小花安装

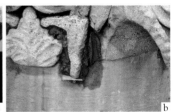

图6-222　小柱顶花安装

面刮抹均匀、光滑。用筷子笔蘸水将表面浮浆刷掉露出石子。

猫脸花安装：将猫脸花放在水桶内整体洇湿。用油刷蘸水将安装面刷湿，并用铁皮尺均匀的刮抹素水泥灰一道。在猫脸花背面中间部位均匀的摊抹一道素水泥灰，将铁丝穿过安装孔，调整固定，如图6-218所示。

垂花安装：按照垂花在大轴下方的位置，将垂花上预埋好的铁丝调整顺直，穿入事先预留好的安装孔，摆正调好，固定，如图6-219、图6-220所示。

小花安装：在安装面拧固一个螺丝，并用油刷蘸水将安装面刷湿。在小花背面及安装面用铁皮尺均匀的刮抹一道素水泥灰。将小花预埋的铁丝与螺丝进行缠绕固定，再将小花调正、稳牢固，如图6-221所示。

小柱顶花安装：用油刷蘸水将安装面及预制的花饰配件背面刷湿。用铁皮尺在两个面上分别抹素水泥灰一道。然后将花饰配件对准安装位置，调正稳牢。安装缝用铁皮尺及勺填抹石子灰封堵，并刮抹出花形，随后用喷雾器将抹面浮浆冲掉露出石子，并用毛巾将水蘸干交活，如图6-222（a）、（b），图6-223所示。

小柱及小轴安装：小柱及小轴安装工艺同上。

二层卷叶安装：在第一层卷叶上端，错位摆放第二层卷叶花饰，并用铁丝及绳等与柱头进行临时固定。按照水泥、砂子与石灰为1：1：1的比例和混合灰，分层灌注到卷叶顶端收口处，用小压子将顶面灰抹压平整。将第一层卷叶花饰间的缝隙清理干净，用油刷蘸水刷湿，再刮抹一道素水泥灰，用石子灰进行封堵，并刮抹平整。稍事养护后，用喷雾器将石子

图6-223　小柱顶花安装完成

图6-224　清理缝隙

图6-225　刮抹素水泥灰

图6-226　冲刷完成

图6-227　柱头成活

灰表面的浮浆冲掉，再用水壶冲水一遍。养护24小时后将第二层卷叶临时固定物拆除，柱头成型。最后用混合灰封堵安装配件缝隙，再用石子灰抹面。稍事养护后用喷雾器将表面浮浆冲掉，再用毛巾将水蘸干，最后柱头整体交活，如图6-223～图6-227所示。